Inhalt

Was sind Pilze? 1.

Pflanzen sind in der Lage, aus mineralischen Stoffen lebendige Materie aufzubauen, Pilze sind dies nicht. Sie sind vielmehr auf das Vorhandensein toter oder lebendiger Organismen angewiesen. Zerfielen die Pflanzen nach dem Absterben nicht wieder in mineralische Bestandteile, würden abgestorbene Pflanzen die Erde meterhoch bedecken. Die Erdoberfläche wäre an verwertbaren Mineralstoffen verarmt. Pflanzliches und tierisches Leben wäre längst zum Erliegen gekommen, unser Planet hätte ein völlig anderes Aussehen. Aber der Kreislauf der Natur funktioniert. Fäulnisprozesse sorgen dafür, daß Pflanze und Tier nach dem Tod wieder in ihre ursprünglichen Bestandteile zerfallen. Hier haben die Pilze ihre Aufgabe in der Natur. Sie lösen die Zersetzung organischer Substanz aus. Hunderttausende verschiedener Pilzarten sind überall und stets bereit, Lebendiges und Totes anzugreifen und zu zersetzen. Mensch und Tier sind durch sinnvolle Abwehreinrichtungen vor diesen Angriffen geschützt.

Bei diesen Pilzen handelt es sich um Mikroorganismen. Unsere Waldpilze, die Makropilze, haben sich im Laufe der Entwicklungsgeschichte aus diesen primitiven Pilzen entwickelt. Ihre Lebensweise und Aufgabe aber haben sie beibehalten. Auch unsere Waldpilze leben von vorhandener organischer Substanz, meist toten oder lebenden Pflanzen. Die Pilze besitzen kein Blattgrün und können deshalb nicht wie andere Pflanzen aus Wasser und Kohlendioxid Kohlehydrate aufbauen.

Was gemeinhin als Pilz bezeichnet wird, ist in Wirklichkeit die oberirdische ›Frucht‹ einer unterirdisch wachsenden Pflanze.

So, wie ein Baum nur zu einer bestimmten Zeit Früchte trägt, treibt auch die ›Pilzpflanze‹ nur zu bestimmten Zeiten ›Pilzfrüchte‹. Deshalb sind die Pilze nicht immer, sondern eben nur zu bestimmten Zeiten anzutreffen.

Bei ihrer Entwicklung spielen die Umwelt, der Nährboden, das Wetter u.a. eine noch nicht genau bekannte Rolle.

Das Myzel 1.1.

Die Pilzpflanze bildet ein meist weißes Fadengeflecht, das Myzel, das im Waldboden, in Pflanzenresten oder in Holz oft beobachtet werden kann. Dieses Myzel besteht aus einzelnen faserartigen Gebilden, den Hyphen, die sich aus den Sporen entwickeln. Die Pilzzellen können sich nur in einer Richtung teilen, so daß nur ein eindimensionales Wachstum möglich ist. Das Ergebnis dieser Zellteilung ist deshalb immer eine ›Faser‹. Die einzelnen Fäserchen können miteinander nur mechanisch verflochten und verwoben sein, so daß trotzdem ein dreidimensionales Gebilde entsteht.

Fasern

1 Dieses Foto zeigt Myzelfasern, die sich zwischen dem Holz eines morschen Astes und den im Waldboden darüberliegenden faulen Blättern gebildet haben. Offensichtlich sind beide, Blätter und Holz, ein für diesen Pilz geeignetes Nährsubstrat.

2 Die Abbildung zeigt einen morschen Ast, der an vielen Stellen vom Myzel eines Pilzes durchdrungen bzw. bedeckt wird. Die weißen Myzelfasern dringen an zahlreichen Stellen in das Holz ein und bilden ein dichtes flächenartiges Gebilde; die dünnen Einzelfasern vereinigen sich zu dickeren Strängen.

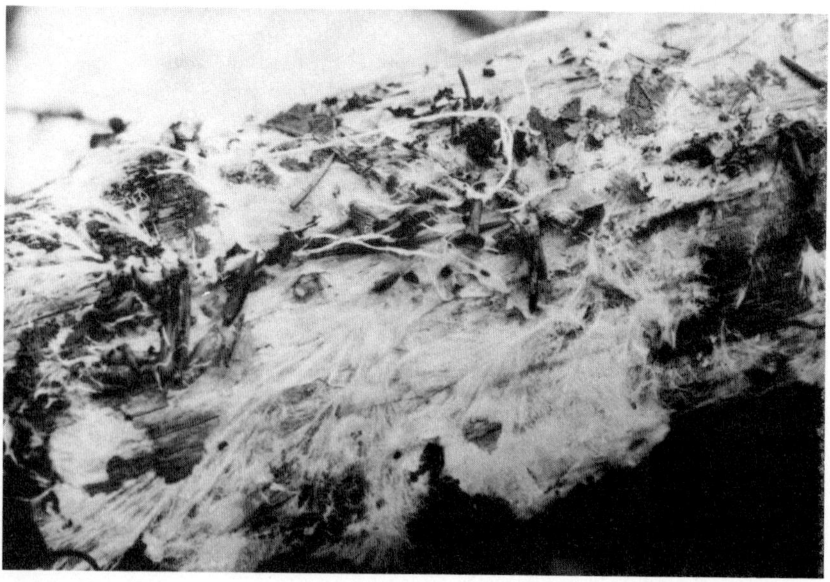

3 Der Birnenstäubling wächst gerne an oder auf Buchenstümpfen. Sein Myzel dringt zwischen Rinde und Holz und bildet dort dicke Stränge aus. Trennt man die Rindenschicht mitsamt der meist darüberliegenden Moosschicht ab und dreht sie um, so wird der Zusammenhang zwischen Fruchtkörper und Myzel deutlich.

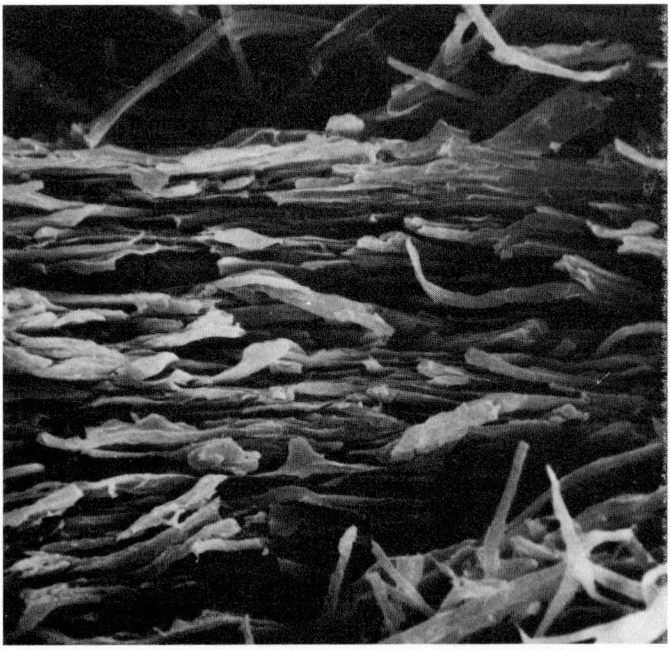

4 Rasterelektronenmikroskopische Aufnahme eines Myzels. Das Bild zeigt bei 1000-facher Vergrößerung den Längsschnitt einer Myzelfaser. Die als Einheit erscheinende Myzelfaser besteht ihrerseits aus sehr vielen Einzelfäserchen.

Frucht-körper

Auch die Fruchtkörper der Pilze bestehen aus derartigen verdichteten Fasern. Man kann sich leicht vorstellen, daß dabei keine mathematisch exakte Reduplizierbarkeit möglich ist. Erstaunlich ist, daß es die Natur überhaupt fertigbringt, aus ›Fäden‹ immer wieder das nahezu Gleiche hervorzubringen. Deshalb muß bei der Beschreibung von Pilzen oft auf die Variationsbreite derselben eingegangen werden. Tatsächlich sehen einzelne Exemplare ein und derselben Art immer wieder etwas verschieden aus. Auch wenn man das Wachstumsstadium mit berücksichtigt, also nicht junge mit alten Pilzen vergleicht, bleibt doch festzustellen, daß nicht zwei Pilze der gleichen Art völlig identisch sind. Die Hüte sind unterschiedlich, z.B. verbogen oder unregelmäßig geformt, die Stiele etwas verschieden dick, krumm usw. Es gibt kaum zwei Steinpilze oder Perlpilze, die sich so exakt ähneln wie z.B. zwei Blätter einer Buche oder zwei Kirschen, oder gar zwei Mäuse.
Die eigentliche Pilzpflanze, das Myzel, ist schwer oder gar nicht einwandfrei, die ›Pilzfrucht‹ dagegen sehr genau zu bestimmen. Man kann einen Apfelbaum leicht von einem Birnbaum unterscheiden, noch deutlicher aber Äpfel von Birnen. Der Fachmann differenziert darüber hinaus noch zahlreiche Apfelsorten untereinander. Damit soll gesagt sein, daß Früchte ausreichen, um eine Pflanze zu bestimmen; so ist es auch erlaubt, die Pilzarten nach ihren ›Früchten‹, den Pilzen, zu unterscheiden.

1.2. Die Fortpflanzung der Pilze

Der komplizierte Vorgang der Fortpflanzung von Pilzen wird im folgenden vereinfacht dargestellt. Jeder Pilzsammler sollte zumindest in groben Zügen wissen, was sich hinter einem Pilz verbirgt, sonst bleibt ihm seine Eigenart unverständlich.
Pilze sind wie andere Früchte ›Samenträger‹. Pilzkörper haben die Aufgabe, den ›Samen‹ der Pilze zu erzeugen. Pilze sind primitive Pflanzen, sie sind blütenlos und erzeugen keine eigentlichen Samen, sondern pflanzen sich durch Sporen fort. Es dürfte deshalb bei Pilzen strenggenommen nicht von Samen und Früchten gesprochen werden.

1.3. Die Spore

Die Spore ist ein rundes, elliptisches oder auch eckig geformtes Gebilde, das zwischen ca. 3 und ca. 20 μ groß ist. (1 μ = 1/1000 mm). Die Spore ist nur im Mikroskop sichtbar, ihre Farbe einzeln nur schlecht zu erkennen. Deutlich bemerkt man aber die Färbung

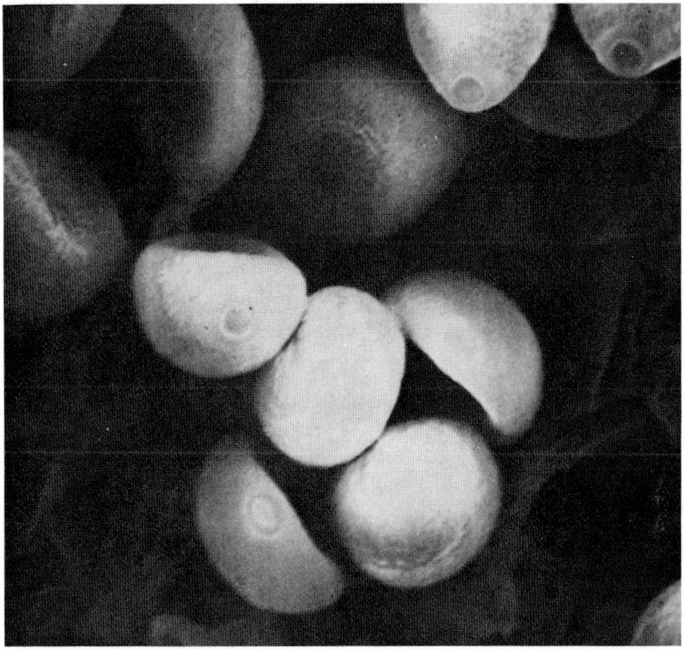

5 Unter dem Elektronenmikroskop geben sich die Sporen vieler Arten als elliptische Gebilde zu erkennen. Man sieht, daß je vier Sporen zu einer Einheit zusammengehören; sie wachsen gemeinsam auf einer Basidie (Ständer), die allerdings nicht mehr deutlich zu erkennen ist. Die Sporen der Ständerpilze sehen nicht alle gleich aus. Bei sehr vielen Arten zeigen sich charakteristische Strukturen auf der Oberfläche der Sporen, auch sind die Formen der Einzelspore sehr unterschiedlich. (3000-fache Vergrößerung)

Sporenfarbe

eines Sporenhaufens, der Ansammlung von Einzelsporen. Die Oberflächen der Sporen zeigen häufig eine charakteristische Struktur. Farbe und Oberflächenstruktur der Sporen spielen bei der Pilzbestimmung eine wichtige Rolle.

Pilzsporen unterscheiden sich wesentlich von normalen Pflanzensamen; sie sind bei vielen Arten eingeschlechtlich und enthalten keine Vorratsnahrung für den Keimling. Was bedeutet dies?

Keimung

Jede Spore, die auf einen nicht für sie geeigneten Nährboden trifft oder ungünstige Umweltbedingungen vorfindet, geht ein. Keimt aber eine Spore, kann sich bei vielen Arten nur dann ein fruchtbares Myzel bilden, wenn sich die Pilzfäden dieser Spore mit den Pilzfäden einer andersgeschlechtlichen Spore treffen und vereinigen. Beide Ereignisse: das Antreffen eines geeigneten Nähr-

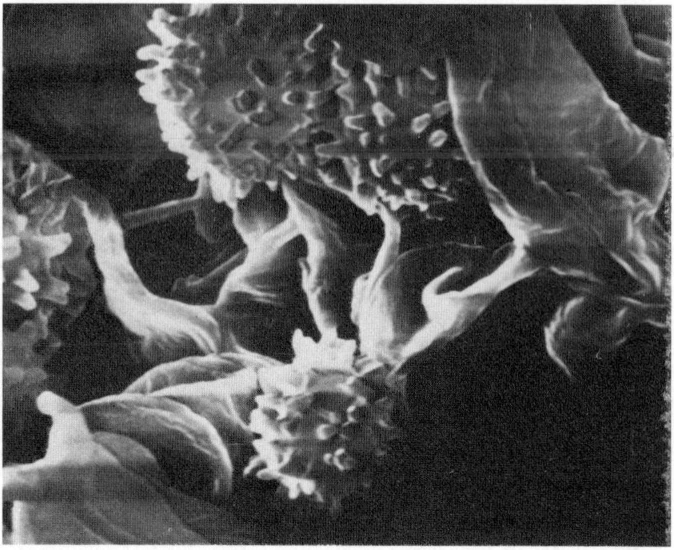

6 Bei 4000-facher Vergrößerung ist die Oberflächencharakteristik einer Einzelspore deutlich zu erkennen. Täublinge zeichnen sich durch Sporen aus, die deutlich Warzen oder Stacheln tragen. Russula olivacea trägt, wie hier zu sehen, auf der Sporenoberfläche isoliert stehende Stacheln.

Zahl der Sporen

bodens und das Aufeinandertreffen eines ›weiblichen‹ und ›männlichen‹ Pilzfadens, sind relativ seltene Ereignisse. Nur dadurch, daß jeder Fruchtkörper bis zu hundert Milliarden Sporen und mehr erzeugt, stellt die Natur sicher, daß die Art erhalten bleibt.

1.4. Der Fruchtkörper

Die Natur hat verschiedene Wege beschritten, Fruchtkörper zu entwickeln, die Platz für Milliarden von Sporen bieten.
Wir kennen
- Hohlkörper, die mit Sporen gefüllt sind
- dünnwandige Becher und ›Schüsseln‹ mit einer großen Oberfläche
- korallenähnliche Gebilde, bei denen zahlreiche Verästelungen für eine große Oberfläche sorgen
- Tiegel
- fingerartige Gebilde u.a.

Den Transport der nur wenige tausendstel Millimeter großen Sporen weg vom Fruchtkörper übernimmt der Wind. Besonders gut gelingt die Fortbewegung durch Luftbewegungen, wenn die Sporen aus ihrem Behälter geschleudert werden. Reife Boviste stoßen riesige Wolken Sporenstaub aus, wenn man sie nur berührt. Sitzt der Fruchtkörper dicht an der Erde im Gras, kann der Wind schlechter anfassen, als wenn ein Stiel einen Hut von der Erde abhebt, so daß der Wind angreifen und die Sporen wegtragen kann. In Hut und Stiel unterteilte Pilze kommen am häufigsten vor und sind die den meisten Menschen geläufigste Erscheinungsform von Pilzen.

Der Hut 1.4.1.

Eine einfache Hutform würde für die zahlreichen Sporen nicht genügend Platz bieten, daher ist die Oberfläche der Hutunterseite entweder durch
- Poren
- Stacheln
- Blätter
- Röhren

erheblich vergrößert.
Mit den Sporen, dem Fruchtkörper und dem Hut wurden schon die wesentlichen Merkmale für die systematische Einteilung der Großpilze vorgestellt. Ein wichtiges Merkmal fehlt noch: die Organe, die die Sporen erzeugen.

Sporenerzeugende Organe 1.5.

Wie die Sporen selbst, können diese nur mit dem Mikroskop erkannt werden. Eine große Gruppe von Pilzen bringt die Sporen in kleinen Schläuchen hervor, in denen die einzelnen Sporen wie Erbsen in der Schote liegen. Beim Reifezustand werden die Sporen aus diesen Schläuchen herausgeschleudert. Pilze, die die Sporen in Schläuchen erzeugen, nennt man *Schläuche*

Schlauchpilze *(Ascomycetes).* *Abb. 7–9*
Von den Großpilzen zählen u.a. Morcheln, Lorcheln und Becherlinge zu dieser Klasse.
Die zweite große Klasse sind die

Ständerpilze *(Basidiomycetes).* *Abb. 10, 11*
Die Bezeichnung Ständerpilze hat nichts mit den ›Ständern‹ oder Stielen der Pilze zu tun, sondern bezieht sich einzig und allein auf die Art und Weise, wie die Sporen erzeugt werden. Im Gegen-

Ständer

satz zu den Schlauchpilzen werden diese nicht im Innern eines Schlauches, sondern frei auf Basidien hervorgebracht. Die Basidien sind keulenförmige Gebilde, auf denen die Sporen mit kleinen Stielchen angewachsen sind. Je Basidie werden in der Regel vier Sporen gezählt. Im Reifezustand werden die Sporen einfach abgeworfen. Die Basidien und auch die Schläuche der Schlauchpilze finden sich meist in einer äußersten nach außen gerichteten Schicht (Fruchtschicht).

Außensporen

Die Bauchpilze *(Gasterales)* zählen ebenfalls zu den Ständerpilzen, erzeugen aber die Sporen nicht an einer Außenschicht, sondern im Innern eines Hohlkörpers (z.B. Boviste).

Innensporen

7 Lichtmikroskopische Aufnahme bei ca. 1000-facher Vergrößerung der Fruchtschicht eines Becherlings. Man erkennt sehr deutlich die in Schläuchen gebildeten Sporen (je 8). Ein Teilstrich der mitabgebildeten Skala bedeutet ca. 1/1000 mm. Eine Spore ist ca. 6/1000 mm groß.

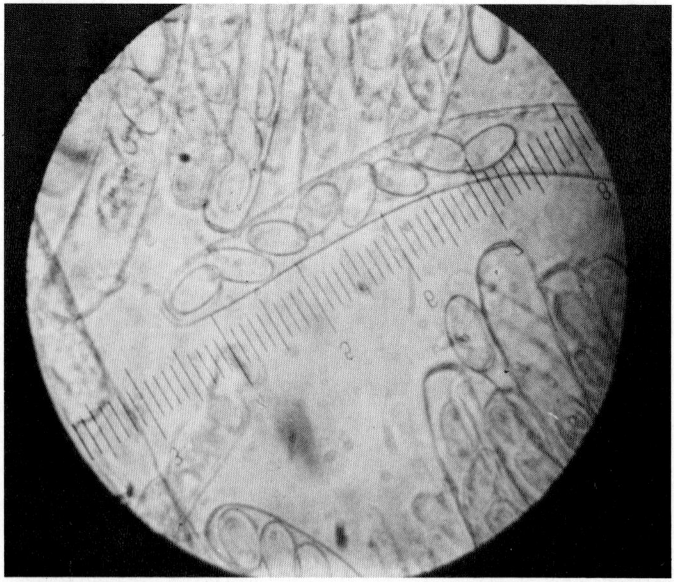

8 Blick auf die durchgeschnittene Fruchtschicht eines Ascomyceten, hier des Schildförmigen Scheibenbecherlings (Discina perlata). Die Schläuche sind aufgeplatzt und leer. Während der Manipulationen bei der Präparation wurden die Sporen herausgeschleudert (Rasterelektronenmikroskop 800-fach).

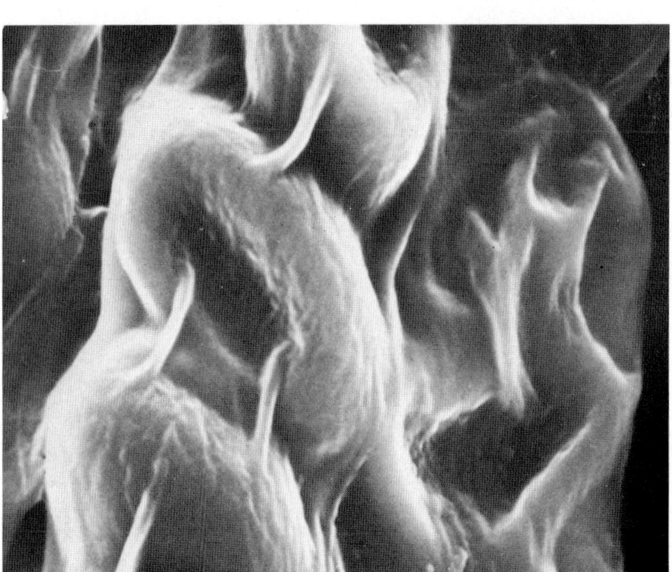

9 Übereinanderliegende Sporen in einem Schlauch (Ascus) (ca. 3000-fache Vergrößerung)

10 Blick auf die Fruchtschicht eines Düngerlings (Panaeolus fimicola) bei 3000-facher Vergrößerung im Rasterelektronenmikroskop. Man erkennt deutlich die Basidien mit jeweils vier Sporen, die alle noch unreif sind und, wie das für diese Gattung typisch ist, auch nicht gleichzeitig reifen.

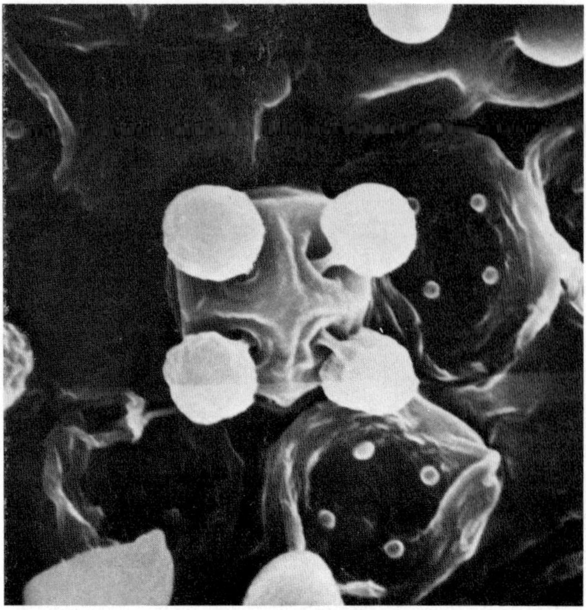

11 Das Rasterelektronenmikroskop zeigt mit viel größerer Tiefenschärfe als das Lichtmikroskop bereits bei 1000-facher Vergrößerung die reichgegliederten Details der Fruchtschicht. Hier die Oberfläche eines Blattes vom Rehbraunen Dachpilz (Pluteus cervinus). Deutlich erkennt man die riesigen Cystiden, die über die Oberfläche hinausragen. Dies sind keulenförmige Gebilde, über deren Sinn und Zweck man noch nicht genau Bescheid weiß.

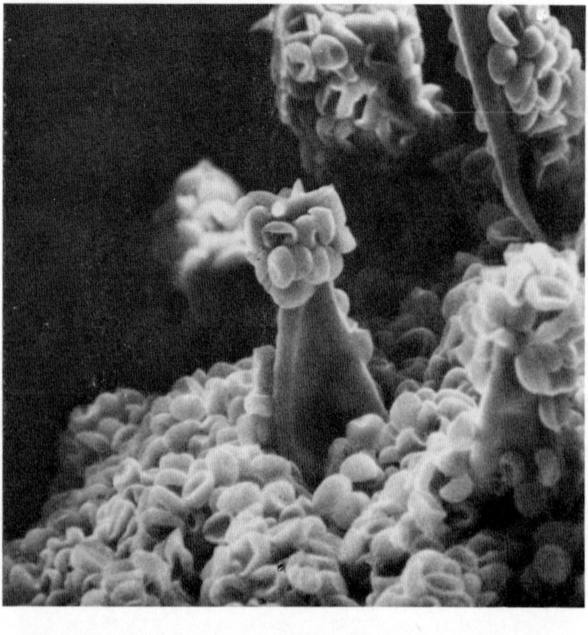

Das System der Pilze

2.

Die Einteilung der Pilze erfolgt analog der von Pflanzen und Tieren generell in Klassen, eventuell in Unterklassen, Ordnungen, Familien, Gattungen und schließlich die eigentlichen Arten. Für die Einteilung der Pilze wurden in der Vergangenheit oft vorwiegend ohne Hilfsmittel sichtbare makroskopische Merkmale benützt. Man spricht von Blätterpilzen, Röhrenpilzen, Porlingen, Freiblättlern, Dunkelblättlern, Tintlingen, Sprödblättlern usw. Auf diese Art und Weise entstand ein System, das im nachhinein als künstliches System bezeichnet werden muß. Es zeigte sich, daß dieses System nicht genügend auf die natürliche Entwicklung der Arten einging.

Künstliches System

Heute bemüht man sich, ein natürliches System aufzustellen, das die Entwicklungsgeschichte der Pilze, das Hervorgehen einer Gattung oder Art aus der anderen, besser zum Ausdruck bringt.

Natürliches System

Die modernen Möglichkeiten der Elektronenmikroskopie, der Zellkunde, der Biochemie usw. erlauben es den Wissenschaftlern, ein immer feineres System zu entwickeln. Meinhard Moser hat in seiner jüngsten Ausgabe von ›Kleine Kryptogamenflora‹, Band II b/2, ›Die Röhrlinge und Blätterpilze‹, allein 3150 Arten dieser Ordnungen beschrieben und in ca. 200 Gattungen unterteilt. Anhand eines gut durchdachten Nummernschlüssels kann jede Art charakterisiert werden. Zur Identifizierung einer Art besteht dieser Nummernschlüssel aus 4 - 6 Stellen. Wo es notwendig schien, wurden durch Erweiterung des Schlüssels große Gattungen einfach weiter unterteilt.

Das Verständnis des natürlichen Systems ist für uns Hobbymykologen schwer. Leichter ist es, über das künstliche System Zugang zu den Familien, Gattungen und Arten zu finden.

Läßt man das große Heer der Mikropilze, die nur mit dem Mikroskop sichtbar sind, außer acht und beschränkt sich auf die Makropilze, die den eigentlichen Hobbymykologen interessieren, dann ist folgende Einteilung erlaubt:

Klasse:	Schlauchpilze *(Ascomycetes)*
Unterklasse:	Höhere Schlauchpilze *(Euascomycetidae)*
Ordnungen:	Becherpilze *(Discales, Pezizales)*
	Mehltaupilze *(Erisyphales)*
	Scheibenpilze *(Heliotales)*
	Trüffelpilze *(Tuberales)*
	Kugelpilzartige *(Sphaeriales)*
	Hirschtrüffelartige *(Eurotiales)*
	u.a.

Für den Pilzfreund am interessantesten sind in dieser Klasse die Becherpilze, zu denen nicht nur die bekannten Becherlinge, sondern auch Lorcheln und Morcheln zählen. Zu den Scheibenpilzen zählen Erdzungen, Gallertbecherlinge u.a.

Wichtiger für den Pilzsammler ist die

Klasse:	Ständerpilze *(Basidiomycetes)*
Unterklasse:	Ständerpilze mit keulenförmigen Basidien *(Hymenomycetidae)*
Ordnungen:	Röhrenpilze *(Boletales)*
	Blätterpilze *(Agaricales)*
	Nichtblätterpilze *(Aphyllophorales)*
	Bauchpilze *(Gasterales)*
Unterklasse:	Ständerpilze mit geteilten Basidien *(Heterobasidiomycetidae = Phragmobasidomycetidae)*
Ordnungen:	Ohrlappenpilze *(Auriculariales)*
	Gallertpilze *(Tremellales)*
	Gallerttränenpilze *(Daerymycetales)*
	Brandpilze *(Ustilaginales)*
	Rostpilze *(Uredinales)*.

Die Unterklasse der *Hymenomycetidae* enthält praktisch alle den Pilzfreund interessierende Arten. Deshalb wird im speziellen Teil auf die Ordnungen dieser Unterklasse genau eingegangen.

Anhand dreier Beispiele wird im folgenden das Klassifizierungsschema erläutert:

<table>
<tr><th></th><th>Steinpilz</th><th>Grüner Knollenblätterpilz</th><th>Speisemorchel</th></tr>
<tr><td>Klasse</td><td>Ständerpilz</td><td>Ständerpilz</td><td>Schlauchpilz
Ascomycetes</td></tr>
<tr><td></td><td colspan="2">Basidiomycetes</td><td></td></tr>
<tr><td>Unterklasse</td><td colspan="2">Ständerpilze mit keulenförmigen Basidien
Hymenomycetidae</td><td>Höhere Schlauchpilze
Euascomycetidae</td></tr>
<tr><td>Ordnung</td><td>Röhrenpilze
Boletales</td><td>Blätterpilze
Agaricales</td><td>Becherpilze
Discales</td></tr>
<tr><td>Familie</td><td>Röhrlinge
Boletaceae</td><td>Wulstlingsartige
Amanitaceae</td><td>Morcheln
Morchellaceae</td></tr>
<tr><td>Gattung</td><td>Dickröhrling
Boletus</td><td>Wulstlinge
Amanita</td><td>Morchel
Morchella</td></tr>
<tr><td>Art</td><td>Steinpilz
Boletus edulis</td><td>Grüner Knollenblätterpilz
Amanita phalloides</td><td>Speisemorchel
Morcella esculenta</td></tr>
</table>

Der wissenschaftliche Pilzname

Mit dem wissenschaftlichen Namen wird eine Art festgelegt. Die Bezeichnung für eine Art soll eindeutig sein und darf keine Mehrdeutigkeit zulassen. Für die wissenschaftliche Bezeichnung werden lateinische Namen benutzt; sie bestehen aus zwei Teilen.
Der erste Teil bezeichnet die Gattung, der zweite Teil die eigentliche Art (gewissermaßen der Vorname). Da häufig ein und der gleiche Pilz von mehreren Autoren beschrieben wurde, meist unabhängig voneinander, wurden oft verschiedene Namen für den gleichen Pilz vergeben. Um Eindeutigkeit zu erreichen, wird deshalb der Name des Autors mit angegeben. Die Namen der Autoren werden meist abgekürzt wiedergegeben. Zusätzlich kann noch das Jahr genannt werden, aus dem das jeweilige Zitat stammt.
Der Breitblättrige Rübling z.B. trägt dann die Bezeichnung *Oudemansiella platyphylla (Pers. ex Fr.) Mos. (= Coll. pl. Quel.).*
Oudemansiella bezeichnet die Gattung der Schleimrüblinge. *Platyphylla* heißt in etwa breitblättrig und stammt aus dem Griechischen. Mit *Pers.* ist der Wissenschaftler *Person* gemeint, der den Pilz 1801 beschrieb. *Fr.* bedeutet *Fries,* der 1821 den gleichen Pilz in sein Werk übernahm. *Mos.* steht für *Moser,* der den Pilz endgültig beschrieb. *Quellet (Quel.)* zählte den gleichen Pilz noch zu *Collybia,* den Rüblingen.
Verfolgt man die Geschichte dieses Pilzes noch weiter zurück, so stößt man auf den Forscher *Buillard,* der 1793 unter der Bezeichnung *Grammocephalus* den gleichen Pilz offenbar erstmals beschrieb.
In den Namen der Pilze spiegeln sich die Entwicklung der Pilzkunde und die Schwierigkeiten der systematischen Einteilung wider.
Die Bezeichnungen der Familien enthalten als Stamm häufig den Namen der wichtigsten Gattung dieser Familie und die Endung *-ceae,* z.B. *Amanita, Amanitaceae,* während die Bezeichnungen der Unterklassen mit *-ae* enden. Die Ordnungen enden auf *-ales,* z.B. *Agaricales, Russuales, Boletales* usw. Die Beachtung dieser Vereinbarungen erleichtert das Zurechtfinden in wissenschaftlichen Arbeiten, in Registern usw.

4. Bestimmung von Pilzen

Steinpilz, Marone, Rotkappe und Birkenpilz, Pfifferling, Semmelstoppelpilz, aber auch Fliegenpilz, Knollenblätterpilz und Champignon und andere Pilze mehr hat der interessierte Pilzfreund bald kennengelernt. Durch Besprechung mit anderen Pilzfreunden, Aufsuchen der Pilzberatung und Verwendung eines guten Pilzbuches ist ein Repertoire von 30 - 40 Pilzarten bald gesichert.
Wer sich nun Kenntnisse darüber hinaus aneignen will und nicht nur an der Verwendung der Pilze in der Küche Freude hat, sondern an der Pilzkunde überhaupt, wird auch ihm unbekannte Pilze bestimmen wollen.

Bestimmungsschlüssel

Es gibt zahlreiche Schlüssel, die eine Pilzbestimmung erleichtern oder überhaupt ermöglichen. Dabei werden Fragen gestellt, die entweder mit Ja oder Nein zu entscheiden sind und dabei zu weiteren Fragen und schließlich zur Bestimmung der Art führen sollen. Grundsätzlich kann gesagt werden, daß es keinen Schlüssel gibt, der ohne Bestimmung mikroskopischer Merkmale, also nur auf Grund makroskopisch sichtbarer Merkmale, generell zum Ziel führen würde. Voraussetzung für die erfolgreiche Anwendung jeglicher derartiger Schlüssel ist eine gewisse Kenntnis des Systems der Pilze und eine reiche praktische Erfahrung. Bevor man sich deshalb bemüht, unbekannte Pilze zu bestimmen, unterziehe man sich zunächst der Mühe, einige theoretische Studien zu treiben. Man verlasse sich als Anfänger nie auf das Ergebnis seiner eigenen Pilzbestimmung. Man muß bereit sein, immer wieder in Frage zu stellen. Auf gar keinen Fall esse man einen Pilz, den man erstmals gefunden und selbst bestimmt hat. Das Risiko ist viel zu groß.
Aber trotz allem kann man auch ohne Mikroskop sehr rasch einige Merkmale erkennen und Rückschlüsse auf die Ordnung und Familie ziehen, sogar auf die Gattung und Art. Als erstes muß man sich überzeugen, ob ein junger Pilz vorliegt oder ein voll entwickeltes Exemplar. Am besten, man findet mehrere Pilze der

Gesamterscheinungsbild

gleichen Art, so daß man den Pilz in seiner ganzen Erscheinungsbreite vor sich hat. Man beachte, wo und in welcher Umgebung wächst der Pilz, tritt er in Gruppen, Büscheln oder einzeln auf. Dann erst kann man mit der Bestimmung beginnen.

Hutpilze

Zunächst frage man: Ist der Pilz in Hut und Stiel unterteilt? Dabei ist zu beachten, daß junge geschlossene Pilze häufig nicht ohne weiteres die Unterteilung erkennen lassen.

Wenn ja:	Hinweis auf	Blätterpilze Röhrenpilze Porlinge Stoppelpilze (Stachelinge) Leistlinge
	aber auch auf	Lorcheln Morcheln Gallertpilze u.a.
Wenn nein:	Hinweis auf	Boviste Becherlinge Keulenpilze Trüffel Korallenpilze u.a.

keine Hutpilze

Die wichtigsten Gift- und Speisepilze sind bei den Pilzen zu suchen, die deutlich in Hut und Stiel geteilt sind. Bei den nicht in Hut und Stiel unterteilten Pilzen gibt es nur wenige Speisepilze und kaum stark giftige Arten.
Diese sind in Pilzbüchern relativ leicht zu finden, mindestens gelingt es, die Familie oder Gattung einzugrenzen. Wer hier allerdings alle Arten erkennen will, muß sich auf ein intensives Studium gefaßt machen. Bei den in Hut und Stiel unterteilten Pilzen kann man folgendermaßen weiter vorgehen:

Trägt die Hutunterseite	**Hinweis auf**
– Blätter	Blätterpilze
– eine deutliche Röhrenschicht (›Schwamm‹)	Röhrlinge
– Stacheln, Stoppeln	Stoppelpilze (Stachelinge)
– Leisten (verkümmerte, dicke Blätter)	Leistlinge
– Vertiefungen, Poren	Porlinge
Ist der Hut wellig, lappig, dünn und der Stiel hohl	Morcheln, Lorcheln

Am wichtigsten für den Pilzfreund sind die Blätterpilze und die Röhrlinge. Porlinge, Stoppelpilze, Leistlinge, Morcheln und Lorcheln sind als solche leicht zu erkennen und die wichtigsten Arten auch leicht zu finden, da die Artenvielfalt relativ klein ist. Allerdings kann auch hier die Bestimmung schwierig werden. Viel schwieriger ist das Erkennen der Arten bei Röhrlingen und Blätterpilzen.

Röhrlinge

Bei Röhrlingen beachte man folgendes:

– Beschaffenheit der Huthaut:	filzig, lederig? feucht, schmierig?
– Farbe der Röhrenmündungen:	eventuell rot?
– Beschaffenheit des Stieles:	rauh, faserig?

Beim aufmerksamen Studium des Kapitels ›Röhrenpilze‹ findet man sicher weiter.

Blätterpilze

Bei Blätterpilzen wird die Bestimmung schwieriger. Während man nicht in Hut und Stiel geteilte Pilze, Porlinge, Stachelpilze u.a., eventuell links liegenlassen kann, kommt der Pilzfreund um die Beschäftigung mit den Blätterpilzen nicht herum. Wer dies scheut, ist und wird kein Pilzkenner.

Zunächst muß der ganze Pilz unbeschädigt vorliegen. Folgende Fragen können geprüft werden:

- Sind Reste einer Teilhülle vorhanden? (Manschette)
- Sind Reste einer Gesamthülle zu sehen? (Flocken auf Hut, lappige Scheide am Stiel)

Wenn ja, so ist dies ein Hinweis auf Wulstlinge, Schirmlinge, Scheidlinge, Scheidenstreiflinge, Champignons.

- Sind die Blätter frei? (sie reichen nicht an den Stiel heran)

Freiblättler

Wenn ja: Hinweis auf Freiblättler, zu denen auch obige Gattungen zählen sowie Dachpilze u.a.

Diese wichtigen Bestimmungsmerkmale: freie Blätter, Teile einer Gesamt- oder Teilhülle sind mit einiger Übung leicht zu erkennen.

Sporenfarbe

Ein weiteres wichtiges Kriterium ist die Sporenfarbe (siehe dort). Sind die Sporen weiß, was immer dann der Fall ist, wenn auch die Blätter weiß oder hell sind (aber gefärbte Blätter bedeuten nicht unbedingt gefärbte Sporen), kann die Frage gestellt werden: Sind das Fleisch und die Blätter und auch der Stiel mürbe oder brüchig? Scheidet der Hut an Bruchstellen einen milchigen Saft ab? Dies wäre ein Zeichen für Täublinge und Milchlinge (Sporenfarbe weiß-gelb).

Sprödblättler

Sind die Sporen weiß, aber das Fleisch nicht brüchig und wird auch keine Milch beobachtet, handelt es sich wahrscheinlich um eine Art aus der großen Familie der Ritterlingsartigen Pilze. Die Gattungen dieser Familie zeigen keine freien Blätter und keine Hüllreste; die Blätter laufen mit einem Zähnchen am Stiel oder überhaupt am Stiel herab.

Ritterlingsartige Pilze

Den Ritterlingen ähnlich sind die Rötlinge. Die Blätter sind nur leicht hellrot gefärbt, die Sporenfarbe ist rötlich.
Ellerlinge, Schnecklinge und Saftlinge zeigen dicke, voneinander entfernt stehende Blätter.
Sind die Sporen dunkelbraun, tabakbraum, lehmfarben, schwarz oder gelb gefärbt, ist die Bestimmung noch schwieriger, da dann sehr viel mehr Familien in Frage kommen. *gefärbte Sporen*

Weiter kann geprüft werden:

Ist ein schleierartiges Gebilde zwischen Hut und Stiel zu beobachten?	Schleierlinge
Ist der Hut ausgesprochen faserig oder rissig?	Rißpilze
Treten an den Blättern und dem Hutrand Zersetzungserscheinungen auf, so daß eine tintenähnliche Flüssigkeit abtropft?	Tintlinge

Es soll nicht der Eindruck erweckt werden, als wäre durch eine Fortsetzung der Fragenliste doch eine endgültige Artenbestimmung möglich. Hier handelt es sich immer nur um Annäherungen, man kreist die fragliche Art sozusagen immer enger ein. Selbstverständlich sind jedesmal zu prüfen: Größe des Pilzes, Hutform, Form der Blätter, Beschaffenheit des Stiels, sonstige Besonderheiten, Farben an Hut und Stiel und Blättern, Veränderungen der Farbe bei Verletzungen, Geruch u.a.m.
Die Beantwortung dieser Fragen läßt mit einiger Sicherheit und Übung die Familie erkennen, in vielen Fällen auch die Gattung oder sogar die Art.

Hilfsmittel zur Pilzbestimmung 4.1.

Der typische Geruch 4.1.1.

Pilze haben sehr oft einen typischen Geruch, der ebenso zur Artenbestimmung herangezogen werden kann und muß wie andere Artmerkmale. So ist die Nase ein wichtiges Hilfsmittel bei der Pilzbestimmung.
Um diesen Geruch richtig wahrnehmen zu können, hält man die Nase zwischen Stiel und Blätter bzw. die Röhren. Ist auch jetzt der Geruch noch nicht richtig wahrnehmbar, dann ist es vorteilhaft, ein Stück des Pilzes zwischen den Fingern oder auf der offenen Handfläche zu zerreiben und daran zu riechen.
Die Nase kann nur gasförmige Stoffe wahrnehmen. Riecht irgend etwas intensiv, so ist dies ein Zeichen dafür, daß der betreffen-

de Gegenstand einen gasförmigen, flüchtigen Stoff abgibt, der als Geruch wahrgenommen wird. Die Nase übertrifft dabei an Empfindlichkeit die meisten Meßgeräte. Allergeringste Konzentrationen können noch wahrgenommen werden. Der Geruch ist deshalb aber nicht typisch für den Gegenstand, an dem wir riechen, sondern für die chemische Verbindung, die er gasförmig abgibt. Geben verschiedene Pilze den gleichen flüchtigen Stoff an ihre Umgebung ab, dann riechen sie auch gleich. So darf ohne weiteres angenommen werden, daß der Anisgeruch verschiedener Champignons durch ein und die gleiche chemische Verbindung verursacht wird. Auch der häufig zu findende Mehlgeruch wird wohl durch eine bestimmte Substanz hervorgerufen. So ist es zu verstehen, daß ein Geruch nicht immer nur für einen bestimmten Pilz typisch ist, sondern für verschiedene Pilze, eine Gattung oder Familie. Selbstverständlich gibt es auch Gerüche, die nur bei einer bestimmten Art festgestellt werden und deshalb für diese Art typisch sind.

Die Geruchsbeschreibung ist nicht ganz einfach. Man muß auf den Vergleich mit bekannten Gerüchen zurückgreifen. Fischgeruch, Geruch nach Mehl, Gurken, Anis, Rettich u.a. sind dabei noch ziemlich eindeutig. Schwierig wird es, wenn Vergleiche angestellt werden müssen mit Salpetersäure, Zigarrenkistenholz, Keksen, Nüssen u.a. Man kann das Geruchsvermögen trainieren; Chemiker wissen dies. Übrigens ist es erstaunlich, welches Geruchsgedächtnis ein Mensch entwickeln kann.

Letzten Endes ist die Geruchsbestimmung an Pilzen nichts anderes als eine chemische Analyse, wobei die Nase als Gaschromatograph dient. Die Durchführung chemischer Farbreaktionen zur Erkennung bestimmter Arten und Gattungen an Frischpilzen ist durchaus mit der Geruchsanalyse vergleichbar, wenngleich dabei jeweils verschiedene chemische Verbindungen angesprochen werden.

4.1.2. Die Sporenfarbe

Ein wichtiges Merkmal der Pilze ist die Farbe des Sporenpulvers, die aber von der Farbe einer Einzelspore etwas abweichen kann. Unter dem Mikroskop ist die Bestimmung der Sporenfarbe nicht ohne weiteres möglich. An einem Sporenhaufen, am Sporenpulver, läßt sich die Farbe besser bestimmen. Ohne Bestimmung der Sporenfarbe ist eine Pilzbestimmung in vielen Fällen nicht möglich.

Zunächst betrachte man aufmerksam die Blätter. Sind sie reinweiß, ist auch die Sporenfarbe weiß. Sind die Blätter rosa, lila oder gelblich gefärbt, kann die Sporenfarbe weiß sein, muß es aber nicht. Bei dunkelbraun gefärbten Blättern ist es sehr wahrscheinlich, daß auch die Sporen braun oder dunkelbraun gefärbt sind. Oft sieht man unter der Lupe an den Blättern dunkler gefärbte Bereiche, die auf ausgefallene und liegengebliebene Sporen zurückzuführen sind. Berührt man solche Stellen mit den Fingern, oder noch besser, wischt man sie mit einem Stück weißen Papiers ab, bleiben am Papier, bzw. den Fingern, braune Verfärbungen zurück.

Der sicherste Weg, die Sporenfarbe zu bestimmen, besteht darin, einen reifen Pilz auf einer Unterlage aussporen zu lassen. Dazu schneidet man einen ausgewachsenen Pilzhut in zwei Teile und legt je ein Stück mit den Blättern nach unten auf ein weißes und ein dunkles Papier. Die ausgefallenen Sporen hinterlassen nach mehreren Stunden ein Muster der Blätter auf dem Papier. Dunkle Sporen sieht man auf dem weißen Papier gut, helle Sporen auf dem dunklen Papier.

Ist der Pilz zu jung und damit die Sporen unreif, mißlingt der Versuch. War der Pilz schon zu alt und die Sporen längst ausgefallen, ist das Ergebnis ebenfalls negativ.

Häufig geht es bei der Bestimmung der Sporenfarbe nicht nur um die grobe Aussage dunkelbraun oder weiß; sehr oft kommt es darauf an, Farbnuancen anzugeben. In diesen Fällen darf nur bei weißem Licht (Tageslicht) und auf reinweißen Unterlagen gearbeitet werden. Weiterhin ist zu beachten, daß die Sporen mancher Pilzarten beim Trocknen ihre Farbe etwas verändern, deshalb ist dafür zu sorgen, daß die Sporen während des Aussporens, also in der Zeit, in der sie vom Fruchtkörper auf ein Papier fallen sollen, nicht austrocknen können. Dies erreicht man, wenn man die Pilzproben mit einer kleinen Schale abdeckt und unter die Schale neben das Pilzpräparat einen feuchten Lappen oder ein feuchtes Fließpapier legt.

Mikroskopieren 4.1.3.

Mikroskopische Details sind oft die einzigen Merkmale, die zur endgültigen Bestimmung führen. Die Form und Oberflächenstruktur der Sporen, das Auftreten bestimmter Zellen und andere Merkmale können nur unter dem Mikroskop beobachtet werden. Wer tiefer in die Kenntnis der Pilzwelt eindringen will, kommt um den Gebrauch des Mikroskops nicht herum.

Furcht vor dem Mikroskop ist unnötig, die notwendigen Handgriffe zum Gebrauch dieses empfindlichen optischen Instruments sind bald erlernt. Das Anfertigen von Schnitten und der Umgang mit biologischen Präparaten, die verschiedenen Anfärbemethoden usw. erlernt man am besten in einem Kurs.

Übrigens kann man unter einem Mikroskop nicht nur Pilze ansehen, sondern auch alles mögliche andere. Die Anschaffung eines

eigenen Mikroskops ist für den ernsthaften Pilzfreund nur eine Frage der Zeit. Als Mikroskop geeignet ist ein Gerät, das sowohl die Betrachtung der Präparate im Auflicht als auch im Durchlicht ermöglicht. Das Gesichtsfeld, das im wesentlichen von der Größe der Objektive abhängt, sollte nicht zu klein sein. Die mechanischen Teile des Geräts müssen ein einwandfreies und genaues Scharfstellen ermöglichen; lassen Sie sich vor dem Kauf eines Geräts von einem Fachmann beraten.
Es würde zu weit führen, an dieser Stelle ausführlicher über das Mikroskopieren zu sprechen, hierzu wird auf die entsprechende Literatur verwiesen.

4.1.4. Farbreaktionen mit Chemikalien

Viele Pilze zeigen bei der Einwirkung bestimmter Chemikalien charakteristische Veränderungen bzw. Farbreaktionen. Besonders bei Haarschleierlingen, aber auch bei Täublingen und anderen Gattungen werden solche Reaktionen zur Pilzbestimmung mit herangezogen. So, wie der Geruch eines Pilzes typisch sein kann und die Farbe ein wichtiges Merkmal ist, sind auch chemische Reaktionen bestimmter Teile des Pilzes mit bestimmten Chemikalien wichtige Erkennungszeichen. Die Farbe eines Pilzes ist nur der sichtbare Ausdruck für die Gegenwart eines bestimmten Farbstoffes, genau wie der Geruch eine flüchtige Substanz anzeigt.
Durch die Einwirkung von Chemikalien auf das Pilzgewebe werden anwesende chemische Substanzen verändert. Ist diese Veränderung mit einer Farbänderung verbunden, kann sie wahrgenommen werden. Die Deutung der Farbreaktionen setzt genaue chemische Kenntnisse voraus. Bei der Pilzbestimmung kommt es aber nur darauf an, daß man eine Gattung oder Art eingrenzen kann; die Anwendung chemischer Reaktionen ist dabei hilfreich, auch wenn der Chemismus nicht ganz klar ist. Zusammen mit anderen Merkmalen, und nur im Zusammenhang damit, ist es erlaubt, Farbreaktionen zur Pilzbestimmung zu benutzen.

Luft

Eine wichtige Chemikalie für Farbreaktionen ist die Luft. Beim Anschneiden treten bei vielen Pilzen Verfärbungen auf, die auf Reaktionen mit dem Sauerstoff der Luft schließen lassen (Oxidation).

Säuren und Laugen

Die Einwirkung von Säuren und Laugen verändert den pH-Wert sehr stark und setzt im Pilz vorhandene Basen oder Säuren frei, die sich jetzt z.B. durch Oxidation verändern können.
Ammoniak ist eine schwache Lauge, die als solche wirkt und darüber hinaus selbst in mannigfacher Weise mit verschiedenen Substanzen reagieren kann.
Eisensalze gehen mit den verschiedensten organischen Verbindungen farbige Verbindungen ein. So bilden Phenole z.B. rote Komplexe mit Eisenionen.

Phenole und Anilin sind sehr reaktionsfähig und können die verschiedensten Verbindungen mit anderen chemischen Gruppierungen eingehen. Formaldehyd wirkt auf Eiweiße ein usw.
Alle erwähnten Chemikalien und viele andere mehr werden für Farbreaktionen benutzt. Es würde zu weit führen, hier auf alle bekannten Farbreaktionen einzugehen. Es muß auf entsprechende Literatur verwiesen werden. Wer sich dazu entschließt, chemische Reaktionen zur Pilzbestimmung anzuwenden, sollte sich vor der Anwendung der Chemikalien einige chemische Grundkenntnisse aneignen. Säuren und Laugen sind stark ätzend, Anilin ist giftig, und Phenole sind nicht harmlos. Wer also zu Hause eine kleine Laborecke einrichtet oder einen Satz Chemikalien im Rucksack mitschleppt, sollte wissen, womit er umgeht.

Vorsicht Gefahr

Wegen dieser Schwierigkeiten und Gefahren wurde bei der Beschreibung der Pilze auf spezielle Hinweise verzichtet.

5. Pilze sammeln: wie, wo, wann?

5.1. 10 Regeln für den Pilzsammler Schutz vor Vergiftungen

1. Nur die genaue Kenntnis der Giftpilze schützt vor Schaden. Daher die Merkmale der giftigen Pilze regelrecht auswendig lernen.

2. Man esse nur die Pilze, die man sicher kennt. Auch vertraute Sorten immer wieder prüfen, ihren Standort, ihre Merkmale, ihre Eigenschaften.

3. Denken Sie daran, daß ein Pilz während seines Wachstums, vom Zeitpunkt, bevor er sich richtig entfaltet, bis zu seiner endgültigen Reife, beachtliche Veränderungen seines Aussehens mitmacht. Einen Pilz richtig kennen heißt, alle seine Entwicklungsstadien, seine Variationsbreite, seine Farbänderungen usw. plastisch vor Augen zu haben.

4. Unbekannte Pilze entweder stehenlassen oder einige wenige vom Fachmann überprüfen lassen. In allen größeren Städten gibt es Pilzberatungsstellen. Unbekannte Pilze getrennt vom übrigen Sammelgut aufbewahren.

5. Auch Pilze sind zu schonen. Daher ungenießbare Pilze stehenlassen – auch die giftigen; in der Natur hat jeder Pilz seinen Wert. Nicht mehr Pilze sammeln, als man selbst verbrauchen kann.

6. Bei ersten Anzeichen einer Pilzvergiftung sofort den Arzt (Notarzt) rufen. Alles über die Pilze, ihre Zubereitung und über das Befinden des Patienten notieren. Pilzreste sicherstellen. Erbrechen herbeiführen.

7. Pilze nicht über der Erde abschneiden, sondern im ganzen vorsichtig aus dem Boden nehmen, da sonst wichtige Merkmale, z.B. eine Scheidenknolle, unerkannt bleiben (Lücke im Boden wieder zudrücken).

8. Pilze gleich an Ort und Stelle vorreinigen, von Laub, Sand, Schnecken oder angeschimmelten Stellen befreien. Eine Ausnahme bilden nur die Pilze, die zur Identifizierung mit nach Hause genommen werden.

9. Pilze nur in luftdurchlässigen Behältern (Körben) sammeln. In Plastiktüten z.B. entwickelt sich feuchte Wärme, und der Verderb wird beschleunigt. Weniger feste Pilze werden zerdrückt und unansehnlich.

10. Gesammelte Pilze möglichst innerhalb von 24 Stunden verarbeiten oder essen. Das empfindliche Pilzeiweiß verdirbt sehr rasch und entwickelt dabei Giftstoffe. Viele Pilzvergiftungen sind auf verdorbene Pilze zurückzuführen.

Die Ausrüstung des Pilzsammlers **5.2.**

Feste Schuhe und weitgehend geschlossene, regensichere Kleidung sollten selbstverständlich sein. Der Rucksack ist ein unentbehrliches Hilfsmittel. Zur Orientierung ist eine genaue Wanderkarte nützlich. Ein unentbehrliches Requisit ist ein Taschenmesser.
Grundsätzlich Pilze nur in geräumigen Körben sammeln, nicht in Plastiktüten und nur im Ausnahmefall im Rucksack. Pilze sollten, wo immer sie aufbewahrt werden, locker und nicht in mehreren Schichten übereinander lagern, da sie sonst zu rasch zerdrückt werden. Es ist deshalb zweckmäßig, in großen Körben zur Abstützung der Pilze eine Papierlage, z.B. eine alte Zeitung oder Pergamentpapier, als Zwischenschicht einzulegen, so daß die Pilze in getrennten Schichten liegen.
Zum Abtrennen unbekannter Pilze sollten kleine Behälter oder Schachteln mitgenommen werden, damit zu den Speisepilzen nicht andere Arten geraten, die man zu Hause näher studieren will. Die Pilze halten länger frisch, wenn man in diese Behälter etwas feuchtes Moos legt.
Für den speziell interessierten Sammler sind eine Lupe, die 10- oder 12fach vergrößert, sowie ein Fernglas weitere mögliche Ausrüstungsstücke.
Bei der Suche nach Pilzen ist es oft hilfreich, einen Spazierstock bei sich zu haben. Ganz abgesehen davon, daß ein Stock eine echte Erleichterung bei größeren Märschen sein kann, hat er noch weitere Vorteile für den Pilzsucher. Der Besitz eines Spazierstockes bewahrt den Pilzsucher vor unnötigem Bücken. Man kann bequem von oben an einer verdächtigen Stelle das Gras zerteilen oder unter eine Hecke langen und nachprüfen, ob der Pilzverdacht berechtigt war. Dabei wird die Umwelt geschont, es wird kein Gras und kein Kraut unnötig zertreten, und darüber hinaus schützt man sich selbst vor unangenehmen Berührungen mit Dornen oder Brennesseln. Viele Pilze bleiben unter Fallaub verborgen; ohne Stock sind diese kaum zu entdecken.

5.3. Pilze bald unter Naturschutz?

Da der Pilz nur eine ›Frucht‹ ist und die eigentliche ›Pflanze‹ beim Pflücken erhalten bleibt, hat das Pilzsammeln, solange noch genügend ›Früchte‹ zur Sporenverbreitung übrigbleiben, nur wenig Einfluß auf die Arterhaltung.

Erst in jüngster Zeit, wo immer mehr Menschen sich für dieses Hobby interessieren und Pilze auch zu gewerblichen Zwecken massenhaft gesammelt werden, sah sich der Gesetzgeber zum Einschreiten gezwungen.

Ist Pilzsuchen überall erlaubt? Diese Frage kann nicht uneingeschränkt mit Ja beantwortet werden. In der Regel stehen alle Wälder und Fluren jedermann offen. Selbstverständlich darf man landwirtschaftlich genutzte Flächen, schnittreife Wiesen, Waldschonungen u.a. nicht betreten.

Aber auch in den zugänglichen Wäldern und Fluren kann die zuständige Behörde das Pilzsuchen aus bestimmten Gründen verbieten oder einschränken. Kommen Sie in ein fremdes Gebiet, ist es in jedem Fall ratsam, sich zu erkundigen, ob für das Pilzsuchen Beschränkungen bestehen.

Die Frage, ob man überhaupt Pilze sammeln soll und nicht lieber, im Interesse des Naturschutzes, darauf verzichten sollte, kann so beantwortet werden:

Wer nur für seinen eigenen Bedarf unter Beachtung der Vorschriften des Gesetzgebers und mit gebotener Zurückhaltung Pilze sammelt, braucht bei diesem harmlosen Vergnügen kein schlechtes Gewissen zu haben.

5.4. Fundstellen für Pilze

Pilze wachsen überall dort, wo auch andere Pflanzen wachsen. Kein Wald ohne Pilze. Wiesen, Äcker, Triften, Halden, Schutthalden, Gärten, Parkanlagen, Heiden, Moore, Flußufer u.a. sind Plätze, an denen Pilze gefunden werden. Die wichtigste Pflanzengesellschaft, wo die meisten Speisepilze gedeihen, ist und bleibt aber der Wald.

Wald ist aber nicht gleich Wald. Wir kennen Nadelwälder, Laubwälder, Mischwälder; es gibt junge Bestände, Hochwald, Wald im Gebirge, in Niederungen, Wald auf vorwiegend sauren oder alkalischen Böden. Jeder dieser Waldtypen hat seine eigene charakteristische Pilzflora. Keine der genannten Waldarten ist für den Pilzfreund ohne Reiz.

Bei der Pilzsuche werden Sie ja in der Regel bestimmte Wälder in Ihrer unmittelbaren Umgebung anlaufen. Lernen Sie diese Wälder gut kennen. Merken Sie sich junge Bestände, Hochwald, Misch-,

Laub- und Nadelwälder. Beobachten Sie die übrige Flora, achten Sie auf Gräser, Farne, Moose usw. Sehr bald werden Sie genau wissen, wo Sie zu suchen haben.
An dieser Stelle sei einmal gesagt, daß es, um Speisepilze zu suchen, nicht unbedingt notwendig ist, quer durch die Wälder zu streifen und Stück für Stück den Waldboden abzusuchen. Dies führt in der Regel zu nicht allzu großer Ausbeute und ist für den Förster ein echtes Ärgernis. Viel sinnvoller ist es, abgelegene Wege und Pfade zu verfolgen. Am Wegrand stehen oft mehr Pilze als im Waldinneren. Kommt man an eine Stelle, wo viele Pilze tiefer im Wald stehen, kann auch ausgeschwärmt werden.
Der echte Pilzfreund ist immer auch ein Beschützer unserer Natur.
An den Waldrändern zu den wirtschaftlich genutzten Wiesen hin findet sich in der Regel ein schmaler Streifen ›Niemandsland‹. Der Wald schließt mit Buschwerk ab, der Waldboden geht langsam in Wiesenland über. Die Mähmaschine kommt nicht bis an die Hecken heran. Meist läuft ein mehr oder weniger gut ausgebildeter Weg den Waldrand entlang. Für den Hobbymykologen rentiert es sich, an diesen Rändern entlangzulaufen. Man darf dabei die Geduld nicht verlieren. Noch kein Erkundungsgang entlang eines solchen Streifens war langweilig. Bereits im zeitigen Frühjahr sollte man losmarschieren. Ende April erscheinen hier Mairitterlinge, bald darauf die ersten Schafchampignons. Wiesenchampignons wachsen ebenfalls nicht weit von dieser Route. Nelkenschwindlinge, Parasol, Safranschirmlinge, Riesenboviste u.a. runden das Bild ab. Der Waldrand erlaubt einen neugierigen Blick in den Wald, wo es ja auch immer etwas zu erkunden gibt für den Pilzfreund. Hohes Gras, Brennesselhecken und der äußerste Rand des Unterholzes werden besonders aufmerksam beobachtet.
Gibt es keine Pilze, wird man auf jeden Fall sehr interessante Kräuter und Blumen sehen. Da am Waldrand auch allerhand Getier zuhause ist, versteht es sich von selbst, daß sich der Pilzfreund vorsichtig bewegt und keinen Schaden anrichtet. Der Landwirt hat grundsätzlich etwas dagegen, wenn seine Wiese niedergetreten wird. Der hier beschriebene Weg eignet sich deshalb auch mehr für Einzelgänger und nicht für Exkursionen ganzer Gruppen.

Der Hexenring 5.5.

Wenn in Wiesen das Gras auf einem Kreisbogen dunkler gefärbt ist, dann ist dort entweder das Jauchefaß ausgelaufen, oder es wachsen Pilze in einem Hexenring. *Abb. 52, 70*
Das Myzel, die Pilzpflanze, verwertet an der Stelle, an der es sich befindet, das ihm zur Verfügung stehende Nährsubstrat (Pflanzenteile, Holz usw.). Dabei entstehen für Grünpflanzen leicht ver-

wertbare Mineralstoffe. Ist das Nährsubstrat verbraucht, stirbt das Myzel ab. Am Rand wächst das Myzel nach außen weiter, nach innen kann es nicht mehr wachsen, dort gibt es keine Nährstoffe mehr.
Auf diese Weise entsteht ausgehend von einem Fleck ein immer größerer Ring, der von Myzel durchdrungen ist. Treibt nun dieses Myzel Früchte, Pilze, dann stehen diese kreisförmig angeordnet, oft zu Hunderten nebeneinander auf einem Ring, dem Hexenring. Das Gras färbt sich genau auf diesem Ring dunkler, da ihm viel verwertbare Mineralstoffe zur Verfügung stehen. Sie brauchen jetzt nur noch nachzusehen, welche Pilzart sich unter dem dunklen Gras verbirgt. Im Mai ist dies fast immer nur der Maipilz.
Im übrigen, finden Sie eine Gruppe Maipilze, also keinen Hexenring, dann können Sie im Folgejahr an der gleichen Stelle meist einen Hexenring beobachten.
Im Mittelalter glaubte man, daß diese auffallenden Kreise nur auf das Wirken von Hexen zurückgeführt werden könnten, daher der Name Hexenring.

5.6. Die Pilzflora in Gärten

In unseren modernen Wohnsiedlungen mit ihren großzügig angelegten Gärten und Vorgärten halten immer mehr Tannen, Fichten und Birken Einzug. So nimmt es nicht wunder, wenn auch immer mehr Pilze, die eigentlich im Wald vorkommen sollten, in unseren Gärten erscheinen. Deshalb findet man z.B. den Birkenreizker als Birkenbegleiter immer häufiger in Vorgärten. In ganzen Gruppen erscheint er plötzlich im Rasen. Im Spätherbst finden Sie bei aufmerksamen Umschauen in einer Wohnsiedlung den Birkenreizker eher als im Wald.
Übrigens ist es nicht uninteressant, die Pilzflora eines Gartenstückes zu verfolgen. Sie werden sich wundern, wie viele verschiedene Pilzarten innerhalb mehrerer Jahre in einem Garten erscheinen. Neben Nelkenschwindlingen, Champignons, Safranschirmlingen, Sparrigen Schüpplingen, Mistpilzen, Schopftintlingen und anderen findet man unter Kiefern sogar den Körnchenröhrling. Als Gartenbesitzer können Sie in aller Ruhe Ihre Studien treiben. Führen Sie ruhig einmal Buch.

Vorsicht, Holzschädlinge

An dieser Stelle seien Besitzer von Obstanlagen gewarnt. Es ist nicht ungefährlich, alle möglichen Pilzabfälle in den Komposthaufen zu werfen. Ehe man sich versieht, hat sich irgendwo der Hallimasch oder ein anderer Holzschädling eingenistet.
Oft wird gefragt, wie man die lästigen Pilze im Rasen wieder los wird. Besonders der Nelkenschwindling bildet große Hexenringe, die sich im Rasen häßlich ausnehmen. Leider gibt es kein echtes

Mittel gegen diese ungebetenen Gäste. Das wirksamste Mittel besteht darin, das befallene Rasenstück auszustechen und an dieser Stelle den Rasen neu einzusäen. Aber ehe man sich versieht, entsteht an anderer Stelle ein neuer Hexenring. Den Rasen gut pflegen, düngen und immer schneiden macht den Schaden noch am ehesten unsichtbar.

Rasenbefall mit Pilzen

Die Pilzflora im Verlauf eines Jahres 5.7.

Besonders interessant ist es, die Pilzflora im Verlauf eines Jahres zu verfolgen. Es ist erstaunlich, wie viele Arten auf einem begrenzten Raum im Verlauf der Jahreszeiten wachsen. Es ist kaum möglich, alle vorkommenden Arten in einem wenige Hektar großen Waldstück zu finden und zu bestimmen. Da manche Arten nicht immer erscheinen, dauert es Jahre, bis man auch nur annähernd alle Arten erfaßt und einen Überblick hat. So macht es auch Spaß, nach Pilzen Ausschau zu halten, ohne daß man ständig die Verwertbarkeit in der Küche im Auge hat.

Es gibt praktisch keine pilzlose Zeit. Unübertroffen ist aber doch der Pilzreichtum des Herbstes, der Hauptsammelzeit für Pilze. Aber auch in der Zeit davor und danach findet man zahlreiche Arten. Sogar im Winter können Frischpilze gesucht werden, und zwar der Winterrübling, der oft unter Schnee auf Baumstümpfen wächst.

Stockschwämmchen und Schwefelköpfe harren lange aus und erscheinen schon früh im Jahr. Im März kommt der Märzellerling zaghaft noch unter Schneeresten hervor. Bekanntlich ist die Erntezeit der Morcheln im April. Becherlinge, Rötlinge u.a. Pilze wachsen ebenfalls im zeitigen Frühjahr. Der Mairitterling erscheint Ende April. Auch Champignons können oft schon Ende Mai gefunden werden. Die ersten Hexenpilze und manchmal sogar Steinpilze wachsen schon Ende Juni. Der schwarzfaserige Ritterling erscheint noch Ende November.

6. Pilze als Nahrungsmittel

6.1. Eßbar oder giftig?

Wann ist ein Pilz eßbar?
Genügt es, daß er nicht giftig ist?
Die Antwort ist einfach: Ein Pilz ist dann eßbar, wenn er nicht nur nicht giftig, sondern auch wohlschmeckend und bekömmlich ist.
Giftig ist alles, was unserer Gesundheit schadet. Auch dann, wenn ein Pilz nur ein vorübergehendes Unwohlsein erzeugt, ist er giftig.
Über Wohlgeschmack läßt sich streiten. Es gibt nur 20 oder 30 Pilzarten, die von fast allen Pilzfreunden als sehr wohlschmeckend bezeichnet werden und die tatsächlich als Leckerbissen gelten können. Viele andere Arten schmecken gut, aber eben nicht allen gleich gut. Wieder andere Pilzarten werden von den einen gern gegessen, während andere den Geschmack radikal ablehnen, ja ihn geradezu als unangenehm empfinden. Auf einige Pilzarten reagieren manche Menschen mit Unwohlsein, andere nicht, da diese Arten nicht jedermann bekömmlich sind. Schließlich gibt es Menschen, die auf Pilze oder bestimmte Arten mit Allergien reagieren.

Allergie

Immer wieder versuchen Besucher der Pilzberatung, die Welt der Pilze in giftige und eßbare Arten zu unterteilen. Verneint der Pilzberater die Frage nach der Eßbarkeit, kommt sofort die Gegenfrage: Also ist er giftig?
Auch unter den Grünpflanzen gibt es zahlreiche Gräser und Kräuter, die nicht giftig sind und trotzdem nicht als Gemüse verwendet werden. Brennesseln werden eben nur in Notzeiten gegessen, obwohl sie nicht giftig sind und auch nicht unangenehm schmecken, aber eben nicht wohlschmeckend sind. Niemand fragt, warum man Gras nicht essen kann. Auch die meisten Gräser sind ungiftig. Nur bei den Pilzen besteht anscheinend der Zwang, immer alles gleich essen zu müssen, was nicht giftig ist.

Keine allgemeinen Kennzeichen für Giftpilze

Es gibt keine allgemeinen Kennzeichen, an denen man Giftpilze generell erkennen könnte. Alle allgemeinen Regeln, die man gelegentlich hört: Verfärbungen an der Luft, Verfärbung mitgekochter Zwiebeln, Hineinhalten eines Silberlöffels usw., sind falsch, sie geben nicht zu erkennen, ob ein Giftpilz vorliegt oder nicht. Die giftigen Arten lassen sich auch nicht auf die eine oder andere Gattung beschränken. Die Tatsache, daß es Tiere gibt, auf die die Gifte dieser Pilze nicht wirken, besagt nichts über die Giftigkeit für den menschlichen Organismus. Fraßstellen an Pilzen sind deshalb kein Hinweis auf deren Genießbarkeit.
Pilze zersetzen sich relativ rasch. In Fäulnis übergegangene Pilze

entwickeln wegen ihres Eiweißgehaltes ähnliche Gifte wie verdorbener Fisch oder verdorbenes Fleisch, weshalb sie auch ähnliche Vergiftungserscheinungen hervorrufen können. Da der Eiweißgehalt in den Pilzen sehr gering ist, wird der Verwesungsgeruch schlechter als bei Fisch oder Fleisch wahrgenommen. Also Vorsicht!

Vergiftung durch faule Pilze

Aus all diesen Gründen ist es angeraten, bei neuen Pilzarten, die erstmals gesammelt wurden, zunächst nur wenig zu essen und etwas zurückhaltend zu sein. Grundsätzlich ist vom Genuß roher Pilze abzuraten. Sehr viele Pilze sind roh giftig und nur gekocht eßbar. Auf die Giftigkeit, die Gifte wie auch auf die Verhaltensmaßregeln nach einer Vergiftung wird bei den jeweiligen Pilzbeschreibungen eingegangen.

Giftpilze 6.2.

Obwohl bei der Beschreibung der Pilze ausführlich auf giftige Pilze eingegangen wird, seien hier die wichtigsten Giftpilze zusammenfassend charakterisiert und den damit eventuell verwechselbaren Speisepilzen gegenübergestellt. Die Liste enthält bei weitem nicht alle giftigen Pilze.

Giftige Art	Kennzeichen	Gift, Giftwirkung	u.a. verwechselbar mit	Kennzeichen
Knollenblätterpilze Grüner- Weißer- Kegelhütiger-	verdicktes Stielende (Knolle), lappige Scheide, Manschette am Stiel, Blätter, Fleisch weiß, Blätter frei	tödlich giftig, Erbrechen, Durchfall, kolikartige Leibschmerzen, kalter Schweiß meist erst nach Stunden, Amanitin, Phalloidin	Schirmlinge	weiße Blätter, knolliges Stielende ohne Scheide, Manschette, Hut meist schuppig, faserig, Blätter frei
			Champignon	Blätter frei, jung rosa, später dunkelbraun, Manschette, Stielbasis oft etwas verdickt

Knollenblätterpilze sind mit allen anderen Wulstlingen verwechselbar.

Fliegenpilz	verdicktes Stielende, Scheidenreste an der Stielbasis, Manschette, rote Hutfarbe, weiße Pusteln auf dem Hut	stark giftig, Rauschzustände, Wahnvorstellungen, Lähmungen, Krämpfe, Atemnot bereits kurze Zeit nach Genuß	Perlpilz	rötliche Fraßstellen, verdickte, nackte Stielbasis, geriefte Manschette, Hutrand nicht gerieft

Giftige Art	Kennzeichen	Gift, Giftwirkung	u. a. verwechselbar mit	Kennzeichen
Pantherpilz	Hutrand gerieft, ungeriefte Manschette, weiße Flocken auf dem braunen Hut, verdickte Stielbasis, darüber ringartige Zonen	Giftwirkung beruht auf Muskarin, der Pantherpilz enthält davon mehr als der Fliegenpilz	Grauer Wulstling	derber großer Pilz, Hut braun mit vielen kleinen weißen Flekken, Stiel u. Blätter weiß bis grau, geriefte Manschette, Knolle ohne Wulst. Vorsicht beim Sammeln dieser Pilze!
Ziegelroter Rißpilz	faseriger Hut, spitzkegelig, Fleisch langsam rötend	enthält sehr viel Muskarin, bereits nach 15 Min. Schweißausbrüche, Tränenfluß, Übelkeit, Gesichtsrötung, sinkender Blutdruck, langsamer Puls, Herzlähmung, Todesgefahr	Mairitterling	Hut nicht faserig, Blätter weißlich, Fleisch nicht rötend, Mehlgeruch
Riesen-Rötling	Mehlgeruch, Blätter gelblich, später lachsrot, nicht herablaufend, Hut weiß, kräftiger Pilz	Giftwirkung auf Verdauungsorgane: Brechdurchfall	Nebelgrauer Trichterling	aufdringlicher Geruch, dichte Lamellen, am Stiel etwas herablaufend, leicht vom Hut lösbar, Hut hellgrau
Gifttrichterlinge	weiße kleine Pilze mit herablaufenden Blättern	Muskaringehalt, sehr giftig	Mehlräsling	Mehlgeruch, herablaufende Blätter mit rötlicher Färbung
			(Vorsicht beim Sammeln aller kleinen weißen Pilze!)	
Tigerritterling	ein grauer Ritterling, groß, mit Tropfen am Oberteil des Stiels	Darmstörungen, Erbrechen, nicht lebensgefährlich, aber lange anhaltend, schwächt den ganzen Organismus	verschiedene graue Erdritterlinge	äußerste Vorsicht beim Sammeln grauer Ritterlinge (siehe dort)

Giftige Art	Kennzeichen	Gift, Giftwirkung	u. a. verwechselbar mit	Kennzeichen
Satanspilz	großer Röhrling, rote Röhrenmündungen, fahler Hut, leichte Blaufärbung des Fleisches	roh sehr giftig, Magen- u. Darmstörungen, gefährliche Herzschwäche, auch gekocht giftig	Hexenpilz	großer Röhrling, rote Röhrenmündungen, dunkelbrauner Hut, Fleisch stark blauend
Frühjahrslorchel	Hut hirnartig gewunden	enthält Helvellasäure, lebensgefährlich giftig, Brechdurchfall, Gelbsucht, Krämpfe, Bewußtlosigkeit	Speisemorchel	grubige, wabenförmige Oberflächenstruktur
Orangefuchsiger Hautkopf	Hut lebhaft orangefuchsig	Giftwirkung tritt erst nach Tagen auf.	anderen Schleierlingen	–

Gastronomische Bewertung der Pilze 6.3.

Nicht allgemeingültig

Die Pilze werden in diesem Buch nach folgender Bewertungsskala eingeteilt, die selbstverständlich keine Allgemeingültigkeit besitzt:

1. Wohlschmeckend
2. Eßbar und gut
3. Eßbar
4. Geringwertig
5. Bedingt eßbar
6. Ungenießbar
7. Gekocht eßbar, roh giftig
8. Schwach giftig
9. Giftig
10. Sehr giftig
11. Tödlich giftig

Schwermetalle in Pilzen 6.4.

In jüngster Zeit wurden in verschiedenen Instituten Pilze auf Schwermetalle untersucht. Dabei stellte man fest, daß Pilze mehr Cadmium und Quecksilber enthalten als Grünpflanzen, während der Bleigehalt in der gleichen Größenordnung liegt wie bei anderen Früchten und Gemüsen.

Auffallend sind die hohen Cadmium-Werte bestimmter Champignonarten.

Die Schwermetallgehalte, die in den Pilzen gefunden wurden, stammen aus dem Boden. In jedem humosen Ackerboden lassen sich Spuren von Zink, Cadmium, Quecksilber, Blei und anderen Schwermetallen feststellen. Dies ist natürlich und hat zunächst mit Umweltverschmutzung nichts zu tun. So werden auch die Schwermetallgehalte überall in Pilzen gefunden, gleichgültig von welchem Standort sie stammen. Ob durch Umwelteinflüsse der Schwermetallgehalt im Boden gebietsweise beeinflußt wird, sei dahingestellt.

Speicherung der Schwermetalle

Wahrscheinlich sind Pilze mehr als andere Pflanzen in der Lage, Quecksilber und besonders Cadmium zu speichern. Man darf vermuten, daß Cadmium und Quecksilber vom Eiweiß der Pilze, genauer vom Schwefel bestimmter Aminosäuren, gebunden werden.
Was bedeutet dies nun für den Pilzsammler?

Keine akute Gefahr

Akute Vergiftungsgefahr durch Schwermetalle beim Genuß von Pilzen besteht nicht und wurde auch noch nie beobachtet. Da der Mensch auch mit anderer Nahrung, speziell durch den Verzehr von Innereien, Schwermetalle aufnimmt, könnte es beim dauernden Genuß von Wildpilzen zu einer Anreichung eben dieser Schwermetalle im Organismus kommen. Da die Wirkung der Schwermetalle auf die Gesundheit nicht sicher beurteilt werden kann, sollen gewisse Schwellwerte nicht überschritten werden. Die ›tolerierbare wöchentliche Aufnahme‹ beträgt für Blei 3 mg, für Cadmium 0,4 mg, für Quecksilber 0,3 mg pro Person (70 kg – Empfehlung der Weltgesundheitsbehörde).

Richtwerte

Diese Werte sind Richtwerte für die Metallaufnahme über längere Zeiträume, z.B. ein Jahr, und bedeuten noch keine Grenzwerte für toxische Wirkungen. Beim Überschreiten dieser Werte tritt also noch keine Giftwirkung auf.

Empfehlung des Bundesgesundheitsministeriums

Das Bundesgesundheitsministerium empfiehlt aus diesen Gründen:

- Bei einem regelmäßigen Pilzverzehr sollten pro erwachsene Person und Woche nicht mehr als 200 - 250 g Wildpilze (wöchentlich 1 bis 2 Pilzmahlzeiten) verzehrt werden. Gegen einen gelegentlichen Verzehr auch größerer Mengen ist nichts einzuwenden. Kinder sollten entsprechend ihrem Körpergewicht weniger essen.
- Nachfolgend aufgeführte Pilzarten haben häufig besonders hohe Cadmium-Gehalte; diese Pilze sollten nicht oder zumindest nicht wiederholt gegessen werden: Dünnfleischiger Anisegerling *(Agaricus silvicola)*, Schiefknolliger Anisegerling *(A. abruptibulbus)*, Schafegerling *(A. arvensis)* sowie die beiden Riesenchampignonarten *A. augustus* und *A. perarus.*

- Bei regelmäßigem Pilzverzehr sollten weitere belastete Lebensmittel, insbesondere Nieren und Fisch, möglichst nicht verzehrt werden.
- Bei der Zubereitung aller Speisepilze sollten die Lamellen bzw. die Röhrenschicht sowie nach Möglichkeit die Huthaut entfernt werden, da in diesen Geweben die höchsten Schwermetallkonzentrationen gefunden werden.

Was bedeutet dies für die Praxis?

Bedeutung für die Praxis

Der Durchschnittspilzfreund sucht nicht wöchentlich Pilze, allenfalls im Herbst. Auch ist die Ausbeute nicht immer so groß; 250 g Frischpilze bedeuten beinahe das Doppelte, d.h. 1 Pfund, an gefundenen Pilzen, da beim Putzen sehr viel Abfall entsteht. Wer nur im Herbst gelegentlich Pilze sucht und verzehrt, braucht sich wegen des Schwermetallgehalts keine Sorgen zu machen. Auf den Verzehr größerer Mengen der genannten Champignonarten sollte man jedoch verzichten.
Wer allerdings bei jeder sich bietenden Gelegenheit vom Frühjahr bis zum Herbst eifrig Pilze sucht und diese noch konserviert, trocknet oder einfriert, um auch in der pilzarmen Zeit Pilze essen zu können, sollte sich an die Empfehlungen des Bundesgesundheitsministeriums halten.

Nährwert der Pilze **6.5.**

Die Pilze gelten als eiweißreich und damit als besonders nahrhaft. Dies ist nur teilweise richtig. Alle Pilze enthalten insgesamt wenig Eiweißstoffe, meist zwischen 3 und 5 % des Frischgewichtes und sind damit nur wenig eiweißreicher als Gemüse. Dies bedeutet aber, daß Pilze nur einen geringen Nährwert haben, zumal auch der Fettgehalt nur bei ca. 0,3 % liegt. Hinzu kommt, daß die Gerüstsubstanz der Pilze nahezu unverdaulich ist. Unter den vielen Pilzarten liegen die Champignons mit ihrem Eiweißgehalt von 5 - 6 % an der Spitze. Der Kalorienwert der Pilze liegt bei ca. 30 Kalorien pro 100 g, der von getrockneten Pilzen bei 200 - 250 Kalorien je 100 g. Im Vergleich dazu liegt der gleiche Wert für Brot bei ca. 250 Kal/100 g und für Fleisch bei 150 - 350 Kal/100 g, je nach Qualität.
Für die Umrechnung in Joule sind die angegebenen Kalorienwerte mit 4,2 zu multiplizieren.
Der Wert der Pilze liegt auch nicht in der Kalorienzahl, obwohl diese in schlechten Zeiten schon wichtig war, sondern in ihrem Wohlgeschmack.

6.6. Konservierung von Pilzen

Häufig besteht der Wunsch, einen Teil der gesammelten Pilze für die pilzarme Zeit zu konservieren. Dies ist grundsätzlich möglich. Die einfachsten Methoden dazu sind Tieffrieren, Trocknen oder Einlegen in Essig. Auch Sterilisieren ist möglich, dies ist jedoch von den angegebenen Möglichkeiten die riskanteste Art des Konservierens; außerdem ist es relativ aufwendig. Das Risiko besteht darin, während der Sterilisation tatsächlich die notwendigen Temperaturen von annähernd 100 °C zu erreichen.

6.6.1. Tieffrieren von Pilzen

Da die Tiefkühltruhe noch nicht sehr alt ist, gibt es nur wenige Äußerungen in der Literatur über das Einfrieren von Pilzen. Wenn Pilze eingefroren werden sollen, dann bitte nur junge, absolut gesunde Exemplare verwenden. Die Pilze sind gut zu putzen, zu dicke oder alte Blätter wegzuschneiden und Fraßstellen zu entfernen. Der Pilz wird in kleine Stücke zerschnitten, wie sonst auch, und mit kochendem Wasser übergossen. Die Pilze läßt man auf einem Sieb gut abtropfen. Die so blanchierten Pilze werden jetzt portionsgerecht nach dem Abkühlen in einen Plastikbeutel gefüllt und eingefroren. Erfahrungsgemäß kann man Pilze in der Tiefkühltruhe ca. 9 Monate aufbewahren, sicherheitshalber sollte aber die Lagerdauer auf max. 4 Monate begrenzt werden. Die eingefrorenen Pilze werden vor dem Zubereiten nicht aufgetaut, sondern direkt in die heiße Pfanne gegeben. Nach vorstehenden Angaben wurden im Haushalt des Autors Champignons, Maronen, Steinpilze, violette Ritterlinge und Mairitterlinge eingefroren. An und für sich eignen sich alle schnittfesten Pilze zum Einfrieren. Anstelle von Blanchieren wird auch empfohlen, die Pilze anzudünsten, da dabei eine recht hohe Temperatur erreicht wird.

6.6.2. Wie trocknet man Pilze?

Man schneidet die zum Trocknen bestimmten Pilze in kleine Scheiben und breitet sie auf einer Unterlage aus. Dafür eignet sich ein mit Vorhangstoff bespannter Rahmen oder ein Kuchenblech, das man mit Pergamentpapier auslegt.
Die Trocknung erfolgt an der Luft in der Sonne und dauert mehrere Tage. Die Pilze müssen nach dem Trocknen strohtrocken sein. Bei feuchtem Wetter oder fehlender Sonne gelingt das nicht. Dann schiebt man die Pilze in den Backofen, schaltet den Herd auf die unterste Stufe und trocknet die Pilze bei offener Backofentür endgültig bis zur vollständigen Dürre. Das Trockengut wird

in Leinensäckchen oder in verschlossenen Büchsen bzw. Gläsern an einem trockenen Ort aufbewahrt.
Zum Trocknen besonders geeignet sind Steinpilze, Maronenröhrlinge, Birkenpilze, Rotkappen, Butterpilze, Champignons, Totentrompete, Trompetenpfifferling, Mairitterling u.a. Den Pfifferling sollte man nicht trocknen, da er nicht wieder weich wird; auch Milchlinge und Täublinge sind wenig geeignet, da sie zäh oder brüchig werden. Vor der Zubereitung werden die getrockneten Pilze mehrere Stunden in Wasser eingelegt, damit sie wieder aufquellen und weich werden.

Das Einlegen in Essig 6.6.3.

Steinpilze, Birkenpilze, Rotkappen, Maronen und Champignons eignen sich zum Einlegen in Essig. Als besondere Delikatesse gelten in Essig eingelegte echte Reizker.
Die Essigsäure, die im Essig enthalten ist, wirkt keimtötend. Der Säuregehalt soll mindestens 5 % betragen, darauf bezieht sich das folgende Rezept:
Zur Verwendung kommen junge gesunde Pilze. Diese werden geputzt und 5 Minuten in Salzwasser gekocht; dann auf einem Sieb abtropfen lassen. Aus vier Teilen Essig, einem Teil Wasser, einigen kleinen Zwiebeln, Estragon, Lorbeerblatt, Zitronenschale, etwas Salz und wenig Zucker wird ein Sud bereitet. Nach kurzem Aufkochen und Erkalten gießt man diesen Sud über die Pilze. Nach zwei Tagen gießt man die Flüssigkeit ab, kocht sie nochmals auf, fügt etwas frischen Essig zu und gießt den Sud auf die Pilze zurück. Dies ist deshalb notwendig, weil die Pilze an den Sud Wasser abgeben und diesen verdünnen. Die Flüssigkeit muß die Pilze ganz überdecken. Steigen die Pilze hoch, beschwert man sie mit einem kleinen Teller. Der Behälter wird zugebunden. Die so zubereiteten Essigpilze sind zum baldigen Verzehr bestimmt. Will man sie länger aufbewahren, müssen sie in Einmachgläsern sterilisiert werden, am besten sofort nach dem Einlegen.

Ein Pilzrezept 6.7.

Es gibt zahllose Methoden, Rezepte und Ratschläge für die Zubereitung von Pilzen. Erfahrene Köchinnen und Köche haben aber keine Probleme beim Kochen der Pilzfrüchte. Jeder kann seine eigenen Erfahrungen sammeln oder seinem persönlichen Geschmack Rechnung tragen. Häufig werden Pilze nur als Beilagen verwendet und nicht als eigenes Gericht. Zu beachten ist nur, daß Pilze nicht roh gegessen werden sollten. Es ist darauf zu achten,

daß jeweils lange genug gedünstet, gebacken oder gebraten wird. Um den Eigengeschmack der Pilze zu erhalten, sollte man sich überlegen, ob es richtig ist, besonders gute Pilze einem Mischgemüse beizufügen oder diese separat zuzubereiten. Auch beim Würzen soll der charakteristische Geschmack erhalten bleiben. Innerhalb der Pilzbeschreibungen wird übrigens bei speziellen Pilzen auf deren Zubereitung hingewiesen, wie z.B. beim Parasol, Reizker, Milchbrätling u.a.
Auf die Angabe von Rezepten wurde in diesem Buch weitgehend verzichtet. Es gibt ausgezeichnete Pilzkochbücher, die sich dieses Themas angenommen haben. Auf die häufige Angabe hin: ›als Suppenpilz geeignet‹, soll hier aber doch ein Rezept gegeben werden:

In zerlassener Butter wird eine kleingeschnittene Zwiebel hellbraun gedünstet. Die vorbereiteten Pilze sind kleingeschnitten, gewaschen und inzwischen auf einem Sieb wieder etwas abgetrocknet. In der heißen Butter läßt man die Pilze ca. 5 Minuten ziehen und füllt dann erst mit Wasser nach Belieben auf. Nach dem Zusatz eines Brühwürfels wird erneut aufgekocht, mit Mehl etwas abgebunden und mit Petersilie garniert.

6.8. Tiere an und in Pilzen, Putzen der Pilze

Maden sind der Alptraum des Pilzfreundes. Was freut man sich, wenn man nach langem Suchen endlich ein paar schöne Pilze findet. Wunderbar sehen sie aus, jung und frisch. Groß ist die Enttäuschung, wenn beim Anschneiden Madengänge samt deren Bewohnern sichtbar werden. Oft denkt der Pilzfreund: wird ja nicht so schlimm sein, und legt den Pilz in seinen Korb. Zuhause, beim Putzen, gelingt es dann aber nicht, den Pilz so aufzuteilen, daß noch madenfreie Stücke in den Kochtopf wandern können. Immer größer wird der Abfallhaufen vor dem Kochtopf. Sei die Enttäuschung noch so groß, es hat keinen Wert, von Maden befallene Exemplare mit nach Hause zu nehmen.
Die Maden stammen in der Regel von Pilzmücken, Fliegen, Buckelfliegen und anderen Insekten, die ihre Eier in den Stiel, den Hut, in irgendein Pilzteil, oft schon in ganz junge Pilze ablegen. Außer Maden findet man in Pilzen sehr häufig Tausendfüßler, Spinnen, Käfer, Springschwänze u.a. Die anwesenden Insekten und Maden locken häufig Raub-Insekten an, die den Pilz nicht wegen des Pilzes, sondern wegen anderer Insekten aufsuchen. Wieder andere Kleintiere benutzen den Pilz nur als Unterschlupf, als Wohnplatz gewissermaßen.
Wer empfindlich ist, ist ein schlechter Pilzsucher. Es gibt praktisch

nicht ein Pilzexemplar im Wald, an dem nicht irgendein Insekt zu finden wäre. Nehmen Sie nur einmal die Lupe zur Hand.

Unangenehm sind auch die Schnecken, die allerdings nur äußerlich den Pilz anfressen, so daß die Fraßstelle leicht ausgeschnitten werden kann. Pilze sind eben nicht nur für den Menschen ein Leckerbissen. Auffallend ist, daß bestimmte Arten fast immer madig sind, andere selten oder nie.

Das Pilzputzen ist einfach. Je nach Art müssen die Huthaut abgezogen, Fraßstellen entfernt und madige Stellen ausgeschnitten werden. Zu dickes und feuchtes Röhrenfutter wird abgetrennt, der Stiel eventuell abgeschabt, und schließlich wird der ganze Pilz in kleine Stücke geschnitten. Büschelig wachsende kleine Pilze, Stockschwämmchen, Rauchgraue Schwefelköpfe usw. sind sehr einfach zu reinigen. Die Stiele werden entfernt, zu große Hüte einmal zerteilt und allenfalls ein zu flattriger Hutrand zurückgeschnitten. Übrigens ist es unbedingt zu empfehlen, alle Pilze, die zum Verzehr bestimmt sind, sofort nach dem Suchen zu putzen. In geputztem Zustand kann man die Pilze länger aufbewahren. Nach spätestens zwei Tagen sollten sie aber gegessen sein. Die noch zweifelhaften Pilze dürfen erst nach ihrer exakten Bestimmung zu Hause oder beim Pilzberater geputzt werden, da man ja sonst die wichtigsten Erkennungsmerkmale selbst zerstört.

Pilze saugen beim Waschen Wasser auf, so daß bei der Zubereitung sehr viel Brühe entsteht. Deshalb wird gelegentlich auch empfohlen, auf das Waschen zu verzichten. Bei den kleinen Pilzen: Stockschwämmchen, Schwefelköpfen, Hallimasch u.a., kann dem auf keinen Fall zugestimmt werden. In den Hüten halten sich oft kleine Insekten auf, diese Pilze müssen gewaschen werden. Vor der Zubereitung läßt man die gewaschenen Pilze auf einem Sieb längere Zeit stehen, so daß sie gut abtropfen können. Am besten ist es, wenn man auf das Waschen nie verzichtet und lieber etwas mehr ›Brühe‹ in Kauf nimmt. Wer sich bei der Zubereitung von Pilzen und der dazugehörigen Vorbereitung ganz unsicher fühlt, sollte ein einschlägiges Kochbuch zu Rate ziehen.

7. Beschreibung der Pilze

Im folgenden Teil des Buches werden häufige und weniger häufige Pilze beschrieben. Den breitesten Raum nehmen dabei naturgemäß die Vertreter der Röhrenpilze und Blätterpilze ein. In je einem einleitenden Kapitel wird dabei auf diese beiden Ordnungen eingegangen. Die beiden großen Ordnungen sind schließlich nach Familien getrennt dargestellt, wobei auch die Unterteilung der Familien nach Gattungen angegeben wird.

Die Nichtblätterpilze und Bauchpilze nehmen einen kleinen Raum ein, auf die Unterteilung nach Gattungen wird nicht detailliert eingegangen. Es folgen die Schlauchpilze, von denen einige Vertreter vorgestellt werden.

Neben einer ausführlichen Beschreibung dienen Fotografien zur Charakterisierung der Pilze. Es ist schwierig, Pilze so zu fotografieren, wie sie an ihrem natürlichen Standort erscheinen und gleichzeitig alle wesentlichen Merkmale sichtbar zu machen. Man muß dann schon Regie führen, die Pilze aus dem Boden herauszulösen, umlegen, zerschneiden, im Studio fotografieren usw. In der Regel wurden alle hier abgebildeten Pilze so aufgenommen, wie sie angetroffen wurden; auf die Auswahl typischer Exemplare wurde Wert gelegt.

Klasse Ständerpilze 8.

Basidiomycetes

Unterklasse Ständerpilze mit keulenförmigen Basidien 8.1.

Hymenomycetidae

Ordnung Röhrlingsartige Pilze 8.1.1.

Boletales

Pilze, die deutlich in Hut und Stiel geteilt sind, tragen – wie bereits erwähnt – auf der Hutunterseite entweder Poren, Stacheln, Blätter oder Röhren.

Hier ist von den Pilzen die Rede, die Röhren haben und deshalb Röhrlinge genannt werden. Die Röhren sind deutlich zu unterscheiden von den Poren. Poren sind Vertiefungen im Hut; Röhren werden aus einer separaten, vom Hutfleisch deutlich unterscheidbaren Schicht gebildet. Diese Röhrenschicht läßt sich in der Regel vom Hutfleisch trennen. Oft ist diese Schicht anders gefärbt als das Hutfleisch.

Man kann sich vorstellen, daß sich die Röhrenpilze aus Lamellenpilzen entwickelt haben. Verbinden sich Lamellen an vielen Stellen miteinander, ergibt sich eine Wabenstruktur. Die Röhren, die so entstehen, sind nicht exakt rund, sondern eher vieleckig. Bei manchen Röhrlingsarten sind diese ›Wabenöffnungen‹ langgestreckt, wie wenn man eine Bienenwabe flach zusammendrücken würde. Es gibt Übergangsarten von den Blätterpilzen zu den Röhrlingen, wo dieses ›Verwachsen‹ der Blätter nur zaghaft geschieht (Goldblatt).

Wer anfängt, Pilze zu sammeln, sollte mit den Röhrlingen beginnen. Steinpilze, Maronen, Rotkappen, Ziegenlippen, Birkenpilze, Rotfüße, Goldröhrlinge, Butterpilze und andere lernt man bald kennen. Man erkennt auch schnell, daß es innerhalb der Röhrlinge Verwandtschaften gibt. Schleimige Pilze, zum Teil mit einem Ring am Stiel, unterscheiden sich deutlich von rauhfüßigen Birkenpilzen und Rotkappen; Hexenpilze und Satanspilze sind ebenfalls leicht erkennbare Verwandte.

Röhrlinge wachsen praktisch überall, besonders gern in Gemeinschaft mit bestimmten Bäumen. Die Röhrlinge bilden eine gut abgrenzbare und leicht erkennbare Gruppe von Pilzen. Sie umfaßt etwa 70 - 80 Arten. Die meisten Röhrlinge sind gute Speisepilze. Nur wenige Arten sind ungenießbar, bitter oder leicht giftig. Giftig ist der Satanspilz, aber selbst er ist nicht tödlich giftig.

Die Ordnung der Röhrenpilze *(Boletales)* zerfällt in folgende Familien:

Krempenpilze	*(Paxillaceae)*
Gelbfußpilze	*(Gomphidiaceae)*
Dunkelröhrenpilze	*(Strobilomycetaceae)*
Röhrenpilze	*(Boletaceae)*

Die Krempen- und Gelbfußpilze sind eigentlich Blätterpilze, die nur wegen ihrer nahen Verwandtschaft zu den Röhrlingsartigen gezählt werden.

Die Dunkelröhrenpilze enthalten nur wenige Arten. Die eigentlichen Röhrenpilze sind die *Boletaceae,* die in folgende Gattungen zerfallen:

Goldblattröhrling	*(Phylloporus)*
Blaßsporröhrling	*(Gyroporus)*
Schleimröhrling	*(Suillus)*
Filzröhrling	*(Xerocomus)*
Dickfußröhrling	*(Boletus)*
Rosasporröhrling	*(Tylopilus)*
Rauhfuß	*(Leccinum)*
Grübling	*(Gyrodon)*
Hohlfußröhrling	*(Boletinus)*

Auf diese Gattungen wird zunächst eingegangen.

8.1.1.1. Familie Röhrenpilze
Boletaceae

8.1.1.1.1. Gattung Goldblattröhrling
Phylloporus

Von dieser Gattung gibt es praktisch nur eine Art: das Goldblatt, *Phylloporus rhodoxanthus (Schw.) Bres.,* auch Goldkrempling oder Blätterröhrling genannt. Wie der Name andeutet, trägt dieser etwa 5 - 8 cm große Pilz unter seinem rotbraunen Hut goldgelbe Blätter, die quer miteinander adrig verbunden sind. Hut und Stiel erinnern an die Ziegenlippe oder den Rotfußröhrling. Das Goldblatt ist eßbar.

8.1.1.1.2. Gattung Blaßsporröhrling
Gyroporus

Die Blaßsporröhrlinge umfassen nur wenige Arten. Die bekanntesten Vertreter sind der Kornblumenröhrling, *Gyroporus cyanescens (Bull. ex Fr.) Quel.,* und der Hasenpilz, *Cyroporus castaneus*

(Bull. ex Fr.) Quel. Der Hasenpilz ist am Hut und Stiel schön braun gefärbt und hat auffallend weiße, am Stiel eingebuchtete Röhren. Der Kornblumenröhrling ist samtig-filzig, gelblich-bräunlich und verfärbt sich im Schnitt oder bei Berührung intensiv kornblumenblau. Beide Arten sind sehr selten. Deshalb scheiden sie, obwohl sie eßbar sind, als Speisepilze praktisch aus.

Die Gattungen **8.1.1.1.3.**

Erlengrübling *(Gyrodon)* und
Hohlfußröhrling *(Boletinus)*,
auch Schuppenröhrling genannt,
beinhalten jeweils nur eine Art:

Der **Erlengrübling,** *Gyrodon lividus (Bull. ex Fr.) Sacc.*, wächst in Begleitung von Erlen, bevorzugt feuchte Stellen und ist sehr selten. Seine Röhren sind kurz und laufen am Stiel herab. Das Fleisch läuft blau an. Wegen seiner Seltenheit ist er zu schonen, obwohl er eßbar ist.

Vergleich der wichtigsten Schleimröhrlinge

Art	Stiel	Hut	Röhren	Bemerkung
Goldröhrling	faserig gelb, bis 10 cm hoch, 1 - 2 cm dick	schleimig, goldgelb, jung halbkugelig, alt flach, ∅ bis 10 cm	gelb, etwas eckig und weich. Druckstellen rotbraun	Huthaut abziehbar, weißlicher Ring am Stiel
Körnchen-röhrling	hellgelb, ca. 8 cm hoch, 1 - 2 cm dick	schleimig, gelbbräunlich, bis 10 cm, ähnlich Butterpilz	gelb	ohne Ring, Tröpfchen am oberen Teil des Stiels und Röhren, Huthaut abziehbar
Butterpilz	kurz bis 5 cm, hellbraun, 1 - 2 cm dick	braun, schleimig, jung halbkugelig, älter flach, bis 10 cm	gelb	Huthaut abziehbar, großer Ring am Stiel, Hut oft etwas dunkler laminiert
Kuhpilz	rotbraun, bis 7 cm, ∅ ca. 1 cm	rötlich-bräunlich, bis 10 cm	gelblich-bräunlich, herablaufend, etwas eckig	Huthaut nicht abziehbar, Fleisch zäh, gummiartig, elastisch
Grauer Lärchen-röhrling	gräulich, bis 6 cm hoch, ca. 1,5 cm dick	grau, schmierig, bis 10 cm	grau, herablaufend	Huthaut abziehbar, Schleierreste, vergänglich

Eßbar

Sehr viel häufiger ist der **Hohlfußröhrling,** *Boletinus cavipes (Opat.) Kalchbr.* Sein wichtigstes Kennzeichen ist der hohle Stiel und das Vorkommen bei Lärchen. Sein Hut ist zimtbräunlich und leicht filzig. Der Hohlfußröhrling ist jung ein guter Speisepilz.

8.1.1.1.4. Die Gattung der **Schleimröhrlinge** *(Suillus)* ist für den Pilzfreund eine sehr wichtige Gattung. Sie enthält Arten, die durch ihren mehr oder weniger schleimigen Hut auffallen. Einige Arten haben am Stiel einen Ring. Der Ring bedeutet, daß die Röhrenschicht der jungen Pilze durch eine Haut geschützt war.

s. Tabelle S. 47

Abb. 13

Goldröhrling
Suillus grevillei (Klotzsch) Sing.

Eßbar und gut

Er macht seinem Namen Ehre. In jungem Zustand ist der von Kopf bis Fuß goldgelb gefärbte Pilz nicht zu verkennen.
Man sieht es dem jungen Pilz sofort an, daß es sich um einen Röhrling handelt. Im jugendlichen Zustand ist die Röhrenschicht von einer Haut, die beim Aufschirmen abreißt, verdeckt und damit geschützt. Diese Haut hinterläßt am Stiel einen weißlichen Ring. Alte Exemplare verblassen ins Hellgelbe und sind oft stark wässerig, deshalb sollte man nur junge, feste Pilze sammeln. Sie schmekken ausgezeichnet und eignen sich für Suppen und Gemüse.
Der Hut ist zunächst halbkugelig, später flacher, bis 10 cm breit, dickfleischig und hat eine abziehbare Huthaut. Das Fleisch ist gelblich, alt wäßrig-schaumig. Der ebenfalls gelbe Stiel wird bis zu 10 cm hoch. Wie bei allen *Suillus*-Arten reichen die Röhren beim Goldröhrling bis an den Stiel heran und laufen sogar etwas an ihm hinab. Die Röhrenöffnungen sind beim erwachsenen Pilz etwas eckig und weit.
Goldröhrlinge erkennt man auch an ihrem Standort. Sie erscheinen nur in der Nähe von Lärchen. Goldröhrlinge und Lärchen bilden eine Lebensgemeinschaft. Das Myzel des Goldröhrlings verwächst innig mit den feinsten Wurzeln der Lärche. Während der Nadelbaum den Pilz mit Nährlösungen versorgt, liefert der Pilz an die Partnerpflanze mineralische Stoffe. Beide Partner profitieren von dieser Symbiose. Einerseits ist der Goldröhrling auf das Vorhandensein der Lärche angewiesen, andererseits wird das Wachstum der Lärche durch den Pilz gefördert. Der Goldröhrling wächst im Spätsommer und Herbst, kommt häufig vor und ist ein guter Speisepilz. Dem Goldröhrling sehr ähnlich sind die **Lärchenröhrlinge,** die allerdings eine andere Färbung haben. Der Rote Lärchenröhrling, *Suillus tridentinus (Bres.) Sing.*, und der Graue Lärchenröhrling. *Suillus aeruginascens (Secr.) Snell,* sind ebenfalls eßbar und gut; wie der Goldröhrling bilden sie eine Lebensgemeinschaft mit der Lärche.

Mykorrhiza

12 Goldblatt. Dieser Pilz bildet den Übergang der Blätterpilze zu den Röhrenpilzen. Die Lamellen sind an vielen Stellen quer verwachsen.

Symbiose Pilz-Baum

Derartige Symbiosen gehen viele Pilze mit Bäumen ein. Das Gebilde aus Baumwurzel und eingedrungenem Pilzmyzel nennt man Mykorrhiza, was soviel wie Pilzwurzel bedeutet. Aufgrund dieser Symbiose findet man viele Pilzarten nur in Begleitung bestimmter

13 Goldröhrling

14 Körnchenröhrling

Bäume. Der Förster sieht es gerne, wenn seine Wälder einen großen Pilzreichtum aufweisen, eben wegen der positiven Wirkung der Mykorrhiza auf das Baumwachstum. Aus dem gleichen Grund gibt es Vorbehalte gegen zu viele und zu eifrige Pilzsammler. Es gibt erfolgreiche Bemühungen, die Bildung der Mykorrhiza bei der Aufforstung zu begünstigen.

Abb. 14 **Körnchenröhrling — Schmerling**
Suillus granulatus (L. ex. Fr.) O. Kuntze

Bei erster Betrachtung ist der Körnchenröhrling dem Goldröhrling und dem Butterpilz sehr ähnlich. Beim näheren Hinsehen werden aber die Unterschiede doch deutlich. Es fehlt ihm die Schutzhülle zwischen Hutrand und Stiel bzw. die daraus entstehenden Reste, die als Manschette beim Goldröhrling und Butterpilz hinterbleiben. Die Hutfarbe ist etwas dunkler als beim Goldröhrling und erinnert an den Butterpilz. Der flachgewölbte, hellbraune Hut wird bis zu 10 cm groß, trägt gelbe Röhren und hat hellgelbes Fleisch. Der bis zu 8 cm hohe Stiel ist 1 - 2 cm dick und hellgelb gefärbt. Am oberen Stielende und auf den Röhrenenden zeigt der Körnchenröhrling milchige Tröpfchen oder Körnchen, die ihm den Namen gegeben haben. Sehr deutlich sind diese Körnchen mit einer Lupe zu sehen.

Der Körnchenröhrling wächst meist in Kiefernwäldern und auf leicht kalkigem Boden. Er erscheint im Herbst und ist ein guter Speisepilz.

Eßbar und gut

15 Butterpilz

Butterpilz *Abb. 15*
Suillus luteus (L. ex Fr.) S.F. Gray

Die Hutfarbe dieses Pilzes macht ihn schon von weitem kenntlich. Der braune Hut ist meist schleimig glatt, fast glänzend; das Braun des Hutes ist oft nicht ganz einheitlich, sondern von dunkleren Streifen durchzogen, die den Eindruck erwecken, als sei der Pilz faserig, obwohl er es nicht ist. Der Stiel ist relativ kurz, fast zu kurz für den recht stattlichen Pilz. Die Huthaut kann ganz abgezogen werden, was man auch tunlichst am Fundort machen sollte. Unter der Huthaut kommt ein weißes, leicht gelbliches, weiches, etwas wäßriges Fleisch zutage, das eigenartig fruchtig angenehm riecht. Das butterweiche und fast buttergelbe Fleisch hat dem Pilz seinen Namen gegeben.

Wer den Pilz jetzt noch nicht kennt, erkennt ihn aber spätestens an der auffallend großen Manschette am Stiel. Der Butterpilz bevorzugt sandige Böden und wächst in Kiefernwäldern. Er tritt fast immer in großen Trupps auf, ist standorttreu und erscheint im Spätsommer und Herbst.

In seiner Nachbarschaft stehen oft Kartoffelboviste, Kuhpilze, Perlpilze, Maronen u.a. Der Butterpilz ist gut und wohlschmeckend und ein begehrter Speisepilz. Leider ist er oft von Maden befallen. Große Mengen Butterpilze, auf einmal genossen, können zu Verdauungsstörungen, Blähungen und Durchfall führen. Dieser Umstand ist wenig bekannt und nur in wenigen Pilzbüchern erwähnt; der Autor kann dies aber aus eigener Erfahrung bestätigen.

Eßbar und gut

16 Kuhpilz

Abb. 16 **Kuhpilz**
Suillus bovinus (L. ex Fr.) O. Kuntze

In trockenen Kiefernwäldern, auf sandigem Boden, aber auch auf kalkreichem Untergrund findet man ab Juli bis in den Spätherbst einen Schleimröhrling, der sich von den bisher beschriebenen Arten deutlich unterscheidet. Er ist weniger schleimig, hat keine abziehbare Huthaut und auch keine Manschette. Er wächst oft büschelig, die Stiele sind miteinander verwachsen, die kurzen und weiten eckigen Röhren laufen etwas am Stiel herab. Hut und Stiel sind rotbraun.

Das hervorstechendste Merkmal an diesem Pilz ist seine zähe, gummielastische Konsistenz. Man kann den Hut und den Stiel verbiegen, ohne daß der Pilz bricht. Wegen seiner Zähigkeit scheidet er als Speisepilz aus; man kann ihn höchstens im Mischgemüse verwenden oder als Pilzpulver.

Geringwertig

Für den auffallenden Namen gibt es keine einleuchtende Erklärung.

Gattung Filzröhrlinge 8.1.1.1.5.
Xerocomus

Die Gattung *Xerocomus* zählt ca. 10 Arten. Die Filzröhrlinge haben einen filzigen samtigen Hut, einen schlanken, ungenetzten, glatten Stiel, keine Manschette und sind mittelgroß. Einige Arten verfärben sich auf Druck grün oder blau.

Vergleich der wichtigsten Filzröhrlinge

Art	Stiel	Röhren	Fleisch	Hut	Bemerkung
Maronen-röhrling	1-2 cm ∅, bis 10 cm hoch, braun, leicht faserig	gelb bis grün, blauend	weiß, blauend	braun, ∅ bis 10 cm	im Alter und bei feuchtem Wetter oft schmierig
Ziegen-lippe	gelbbraun, bis 10 cm hoch, ∅ 1 bis 1,5 cm	auffallend gelb, weit, etwas eckig	gelb-weiß, nicht blauend	grau-braun, wildleder-artig	die gelbe Röhrenschicht mit den weiten Mündungen fällt auf
Rotfuß-röhrling	oben gelb, unten rot, ∅ 1 cm, bis 5 cm lang	gelblich-grünlich, verfärben sich grün-blau	gelblich, wäßrig, weich	braun, oft feldrig zerrissen	rote Stielbasis
Blutroter Röhrling	rot-gelb	gelb-grün	gelb	blutrot	mittelgroßer Pilz, Hutfarbe auffallend

Maronenröhrling *Abb. 17*
Xerocomus badius (Fr.) Kühn. ex. Gilb.

Eßbar und gut

Der Maronenröhrling, häufig auch kurz nur Marone genannt, ist der wichtigste Speisepilz in unseren Wäldern. Er ist wohlschmekkend, leicht kenntlich und kann auf alle Arten zubereitet und konserviert werden. Er hat in jungem Zustand festes Fleisch und ist sehr häufig anzutreffen. Der Maronenröhrling wächst in Fichten- und Kiefernwäldern, selten im Laubwald, bevorzugt Sandböden, nimmt aber auch an lehmigen Böden keinen Anstoß. Er erscheint oft in Massen, wächst besonders gern am Grund von Bäumen und kann ab Mitte August bis in den Oktober hinein gesammelt werden.
Verwechslungen mit dem Gallenröhrling können vermieden werden, wenn man auf die gelben, sich auf Druck blau verfärbenden

17 Maronenröhrling

Röhren achtet. Es besteht Ähnlichkeit mit dem Rotfuß und der Ziegenlippe. Verwechslungen damit sind aber harmlos, da auch diese Pilze eßbar und gut sind.
Der Maronenröhrling hat einen samtigen lederbraunen bis zu 10 cm großen Hut. Der Hut ist halbkugelförmig, später flach, manchmal in der Mitte vertieft. Die Röhren sind gelb bis gelbgrünlich. Auf Druck verfärben sich die Röhrenmündungen blau. Das weiße, im Alter schwammige Fleisch läuft langsam blau an. Der Stiel ist gelb-bräunlich, etwas dunkler gefasert, ca. 1 - 2 cm dick und bis zu 10 cm hoch. Im hohen Gras findet man häufig eine hochstielige schlanke Standortart, die meist etwas schleimig ist.
Um Maronenpilze zu suchen, genügt es nicht, nur Wege abzuschreiten, sondern es ist notwendig, tiefer in den Wald einzudringen.
Der Pilzsucher kennt seine ›Maronengebiete‹, die fleißig abgelaufen werden. Von Baumstamm zu Baumstamm, den Blick auf den Boden gerichtet, leicht gebückt, wird der Waldboden abgesucht. Die Familienmitglieder verteilen sich, so daß eine möglichst große Fläche abgeschritten wird. Die Ausbeute beträgt oft 10 kg und mehr.
Vor der Verwertung dieses Segens wird der Pilzberater konsultiert, dem man zumutet, die überreiche Ernte auf etwaige Fehlexemplare

18 Ziegenlippe

zu prüfen. Oft wissen die Pilzsucher nicht, wohin mit den vielen Maronen. So werden die Nachbarn und Bekannten beglückt, die es nicht wagen, das freundliche Angebot abzulehnen, aber heimlich die ihnen unheimlichen Pilze wegwerfen, weil sie den Künsten des Sammlers mißtrauen.
Mein Rat: Sammeln Sie nicht mehr Pilze, als Sie brauchen können. Trocknen oder eingefrieren ist möglich, haben Sie aber auch den Mut, Maronen im Wald stehenzulassen. Sind Sie wählerisch, nehmen Sie nur junge Exemplare, die noch fest und ohne Maden sind. Schneiden Sie einen alten Pilz erst gar nicht ab, auch wenn Sie hoffen, daß er gut ist, Sie wissen ja ganz genau, daß er doch schwammig ist.
Nur wenn wir uns alle etwas zurückhalten, ist der Gesetzgeber nicht gezwungen, uns eines Tages Zurückhaltung aufzuerlegen. Dieser Rat gilt natürlich nicht nur für Maronenröhrlinge, sondern für das Pilzsammeln generell.

Ziegenlippe *Abb. 18*
Xerocomus subtomentosus (L. ex Fr.) Quel.

Eßbar und gut

Die Ziegenlippe ist ein unauffälliger, bescheidener Pilz. Sie wächst oft an steilen Wegrändern, unter Steinen oder unter überhängenden Erdschollen. Der olivbraune, ins Gelbliche getönte Hut fällt nicht auf. Um so überraschter ist man, wenn man diesen Pilz umdreht und die auffallend gelb gefärbten, weiten eckigen Röhren

19 Rotfuß-röhrling

sieht. Der Stiel ist schlank, bis zu 10 cm hoch, gelb bis bräunlich gefärbt und manchmal etwas genetzt. Die wildlederähnliche Huthaut kann nicht abgezogen werden. Der flach gewölbte Hut erreicht bis zu 8 cm Durchmesser.

Die Ziegenlippe wächst in Laub- und Nadelwäldern, bevorzugt sandige Gegenden und wächst meist einzeln. Manchmal findet man aber auch Stellen, wo bis zu 10 und 20 Exemplare eng beieinander wachsen. Häufig gefunden wird die Ziegenlippe im Pfälzer Wald, den Kiefernwäldern in der Rheinebene bei Speyer, im Spessart, aber auch in allen anderen nicht kalkigen Gegenden. Die Ziegenlippe wächst von Spätsommer bis in den Herbst.

Junge Exemplare der Ziegenlippe sind nur schwer von Rotfußröhrlingen zu unterscheiden. Eine Verwechselung ist nicht schlimm, auch der Rotfußröhrling ist eßbar.

Die Ziegenlippe ist ein guter Speisepilz.

Abb. 19 **Rotfußröhrling**

Xerocomus chrysenteron (Bull ex St. Amans) Quel.

Eßbar Zweifellos ist der Rotfußröhrling der häufigste Röhrling. Wahrscheinlich ist er in der Lage, alle möglichen Nährstoffe auszunutzen. Rotfußröhrlinge (›Rotfüße‹) findet man im Tal und im Gebirge, im Nadel- und im Laubwald, auf Sandböden und in kalkhaltigen Gegenden, er fehlt beinahe nirgends.

Er ist leicht zu übersehen. Im Fallaub hebt er sich nur wenig von

seiner Umgebung ab. Der bräunliche, ins Grünliche gehende Hut ist flach, bis zu 6 cm breit und sitzt auf einem relativ kurzen bis zu 5 cm langen schlanken Stiel. Der Stiel ist charakteristisch für diesen Pilz; die Stielbasis ist rot gefärbt, der Rest des Stieles gelb. Die Röhren sind gelb bis gelbgrün und verfärben sich auf Druck grünlich.
Der Rotfußröhrling ist ein guter Speisepilz. Leider ist er häufig sehr madig. Alte Rotfüße werden gern von einem Schimmelpilz befallen und sind dann ganz weiß überzogen. Vorsicht!! Pilze, die vom Schimmel befallen sind, sind zu meiden. Das weiche gelbliche Fleisch ist etwas wässrig und verdirbt sehr schnell.
Es hat keinen Sinn, Rotfußröhrlinge in großen Mengen zu sammeln. Zwischen anderen Pilzen in einem Korb zusammengedrängt, überleben sie einen längeren Heimweg nicht. Putzen Sie Rotfußröhrlinge noch im Wald. Überzeugen Sie sich bei jedem Exemplar, ob es madenfrei ist. Maden fressen sich auch in einem abgepflückten Pilz weiter und befallen im Korb auch gesunde Exemplare. Letzteres gilt generell.

Blutroter Röhrling *Abb. 20*
Xerocomus rubellus (Krbh.) Quel.

Eßbar

Dieser Pilz ist dem Rotfußröhrling ähnlich. Der gelbe Stiel läuft bei Berührung blau an. Die Röhren sind gelb-grünlich. Auffallend ist die Hutfarbe. Himbeerrot oder auch blutrot springt der Pilz regelrecht ins Auge. Man kann ihn nicht übersehen.

20 Blutroter Röhrling

Der Blutrote Röhrling ist mittelgroß und wächst vorwiegend in Laubwäldern auf lichten Stellen. Er ist eßbar und gut. Die Wachstumszeit ist Sommer bis Herbst.
Der Blutrote Röhrling ist nicht häufig. In manchen Jahren und in einigen Gegenden, insbesondere in Süddeutschland, wird er häufiger gefunden. Wegen dieses seltenen Erscheinens scheidet er als Speisepilz praktisch aus.
Das Fleisch des Blutroten Röhrlings ist gelb und leicht verderblich wie das des Rotfußröhrlings.
Da es ohnehin zweifelhaft ist, daß man ihn unbeschadet nach Hause bringt, sollte man den sporadischen Gast unserer Wälder im Wald stehenlassen.

8.1.1.1.6. Gattung Dickfußröhrlinge
Boletus

Diese Gattung beinhaltet etwa 20 - 30 Arten, die sich durch dickbauchige Stiele mit feinen netz- oder flockenähnlichen Maserungen auszeichnen. Man kann diese Gattung in zwei Gruppen einteilen, in eine mit roten und in eine mit nicht roten Röhrenmündungen.
Zur ersteren zählen Satans- und Hexenpilz, zur letzteren der Steinpilz u.a.

8.1.1.1.6.1. Dickfußröhrlinge mit roten Röhrenmündungen

Abb. 21 **Flockenstieliger Hexenpilz — Schusterpilz, Samtkappe**
Boletus erythropus (Fr. ex Fr.) Pers.

Eßbar und gut, roh giftig

Wer einmal zugesehen hat, wie in einer alten Färberei Tuche mit Küpenfarbstoffen gefärbt werden, versteht den Ausdruck ›Er kann hexen und blaufärben‹. Es mußte den Menschen im Mittelalter wie Hexerei anmuten, wenn die eingefärbten Stoffe beinahe farblos aus der Küpe kamen und sich erst an der Luft auf dem Wäscheseil intensiv blau färbten. Das Wunder der Blaufärbung vollbringt der Luftsauerstoff. In der Küpe liegt der Indigofarbstoff in reduzierter farbloser Form vor. Etwas Ähnliches passiert beim Aufschneiden eines Hexenpilzes. Man muß sich eilen, wenn man feststellen will, ob das Hutfleisch wirklich gelblich ist, so schnell läuft das Fleisch blau an. Die blaue Farbe verblaßt nach einiger Zeit wieder. Beim Kochen wird das Fleisch hellbräunlich.
Der Hut des Pilzes ist dunkelbraun und schön samtig, wildlederähnlich. Jung ist der Hut halbkugelig, später flach und bis zu 20 cm im Durchmesser.
Der Stiel ist walzenförmig, aber auch knollig verdickt, kräftig und trägt auf gelbem Grund rote Pünktchen oder Flocken, so daß am

Vergleich der wichtigsten Dickfußröhrlinge mit roten Röhrenmündungen

Art	Stiel	Röhren	Fleisch	Hut	Bemerkung
Hexenpilz flocken-stielig	auf gelbem Grund rot geschuppt, dick, kräftig	gelblich, Mündung dunkelrot, stark blauend	gelb, sofort stark blauend	dunkelbraun, filzig, bis 20 cm	Fleisch und Röhren blauen außerordentlich stark und schnell, eßbar, roh giftig
netzstielig	gelb, rot, auffallend erhaben genetzt	gelblich, Mündungen rot	gelblich, rötlich, blauend	braun, bis 20 cm	eßbar, roh giftig, nicht jedermann bekömmlich
glattstielig	glatt, gelb, Stielende rot	Mündungen rot	schwach blauend	braun, bis 15 cm	eßbar, roh giftig, nicht jedermann bekömmlich
Satans-pilz	dickbauchig, oben gelb, unten rot, kurz, 4 - 10 cm dick und hoch	gelblich, Mündung rot, auf Druck blau bis blaugrün	weiß, im Stiel rötlich, langsam blauend	5 - 25 cm ∅, hellgrau, Totenkopffarbe, mächtig	auffallender unangenehmer Geruch, giftig

21 Flockenstieliger Hexenpilz

22 Netzstieliger Hexenpilz

Stiel die rote Farbe dominiert. Die Röhren sind gelb bis gelbgrün und haben tiefrot gefärbte Mündungen. Auch die Röhren werden auf Druck sofort tiefblau.

Der Flockenstielige Hexenpilz wächst in Laub- und Nadelwäldern, oft an Wegrändern und ist in vielen Gegenden sehr häufig. Er scheint sandige Wälder zu bevorzugen. Man kann den Pilz schon im Mai finden, häufiger aber ist er im Herbst.

Viele Pilzsucher halten die Hexenpilze für Satanspilze, trauen sich nicht, sie mitzunehmen, und treten aus Enttäuschung darüber, daß sich unter dem braunen Hut kein Maronenröhrling oder Steinpilz verbirgt, viele Exemplare um. Darüber ärgern sich die nachfolgenden Pilzsucher, denen ein Hexenröhrling ein willkommener Fund ist.

Tatsächlich ist der Flockenstielige Hexenpilz ein guter Speisepilz. Er ist selten madig, und wenige Stücke reichen für eine ganze Mahlzeit. Roh genossen sind alle Hexenpilze giftig; deshalb ist bei der Zubereitung auf genügendes Erhitzen (dünsten, braten usw.) zu achten.

Abb. 22 **Netzstieliger Hexenpilz**
Boletus luridus (Schff. ex Fr.)

Gekocht eßbar, roh giftig

Dieser Pilz wird wahrscheinlich oft mit dem Flockenstieligen Hexenpilz verwechselt. Da die Hutfarbe und die äußere Form des Hutes und Stiels variieren können, ist die Netzzeichnung auf dem Stiel das beste Unterscheidungsmerkmal. Dieses Netz ist ein dun-

23 Satanspilz

kel gefärbtes, bräunlich erhabenes, aderähnliches Gebilde, das weitmaschig den Stiel überzieht. Der Stiel selbst ist gelb bis rot gefärbt, wobei im oberen Stielteil Gelb, im unteren Rot vorherrscht. Dem großen kräftigen Hut entspricht auch der knollige oder mehr gestreckte kräftige Stiel. Die Hutoberseite ist braun, mal heller mal dunkler braun, halbkugelig bis flach und feinfilzig. Die Röhren sind gelb, die Röhrenmündungen kräftig rot.

Fleisch, Röhren und Stiel verfärben sich bei Druck intensiv dunkelblau.

Der Pilz ist roh giftig, gilt aber als guter Speisepilz (gut erhitzen!)

Der netzstielige Hexenpilz wird nicht von jedermann gut vertragen. Vor und nach seinem Genuß ist Alkohol zu meiden.

Satanspilz
Boletus satanas Lenz

Abb. 23

Giftig

Nebenstehendes Bild wurde nicht vom Autor des Buches selbst aufgenommen; warum? Weil er in 20 Jahren intensiven Pilzsuchens noch nie einen Satanspilz gefunden hat. In Norddeutschland fehlt dieser Pilz fast ganz; in Süddeutschland – insbesondere auf Kalkböden – wird er gelegentlich, häufig unter Buchen gefunden. Auf Pilzausstellungen kann er oft bewundert werden. Wundern tut sich jeder, der diesen Pilz zum erstenmal in natürlicher Größe vor sich sieht.

Hut und Stiel machen einen massigen Eindruck; an Größe kann der Satanspilz mit dem Steinpilz wetteifern, wenn er ihn nicht gar übertrifft. Der zum Teil knollige Stiel ist intensiv gelb und rot

gefärbt und mit einem feinen roten Netz überzogen. Der Hut wird bis zu 25 cm dick und ist hellgrau (Totenkopf). Der zunächst halbkugelige Hut wird später flacher.
Die Röhren sind gelblich, die Röhrenmündungen tiefrot. Auf Druck werden die Röhren blaugrün. Das Fleisch ist weißlich und läuft nur langsam blau an.
Der Satanspilz besitzt einen besonders im Alter widerlichen Geruch. Dieser Geruch erinnert an faulendes Fleisch. Der Satanspilz ist roh stark giftig. Auch zubereitet ruft er Verdauungsstörungen hervor. Tödliche Vergiftungen wurden durch den Satanspilz noch nicht verursacht. Die Angst vor diesem Pilz ist unbegründet. Zum einen ist er sehr selten, zum anderen kann er doch gut von den Hexenpilzen an der Hutfarbe unterschieden werden; auch die geringe Blaufärbung des Fleisches beim Anschneiden des Hutes macht stutzig. Wer beim Suchen von Hexenröhrlingen trotzdem mißtrauisch wird, sollte den Pilz seinem Pilzberater zeigen, der sich sicher freuen wird, falls es sich wirklich um einen Satanspilz handelt; wahrscheinlicher aber ist, daß der Experte einen Hexenpilz oder Schönfußröhrling diagnostiziert.

8.1.1.1.6.2. Dickfußröhrlinge mit nicht roten Röhrenmündungen

Abb. 24 **Schönfußröhrling**
Boletus calopus Fr.

Ungenießbar

Dieser Röhrling bildet gewissermaßen den Übergang von den Dickfußröhrlingen mit roten Röhrenmündungen zu denen mit nicht roten Röhrenenden. Er ist deshalb sowohl mit dem Steinpilz als auch mit den Hexenpilzen verwechselbar.
Der Schönfußröhrling, der auch Schöner Dickfuß oder Dickfußröhrling genannt wird, hat einen hellbraunen Hut, der bis zu 15 cm breit werden kann; die Hutoberfläche ist lederartig, filzig, zunächst halbkugelig, später flacher gewölbt. Die Röhren sind gelb und blauen bei Berührung sofort. Der Stiel wird bis zu 7 cm hoch und fast 6 cm dick. Der obere Teil des Stieles ist schön gelb gefärbt, der untere auffallend rot. Der ganze Stiel ist mit einem erhabenen weitmaschigen Netz überzogen.
Der Schöne Dickfuß erscheint im Herbst in Laub- und Nadelwäldern und ist relativ häufig.
Das weißliche Fleisch läuft grünbläulich an und schmeckt sehr bitter. Wegen dieses bitteren Geschmacks kommt der Schönfußröhrling als Speisepilz nicht in Frage. Außerdem gilt dieser Pilz als leicht giftig.

24 Schönfußröhrling

Abb. 25, 26

Steinpilz — Herrenpilz
Boletus edulis (Bull ex Fr.)

Wohlschmeckend

Der dicke massige Stiel, gelbe Röhren, weißes Fleisch und der bis zu 20 cm breite braune Hut kennzeichnen diesen Pilz hinreichend. Der Stiel ist sehr oft bauchig verdickt, bis zu 6 cm im Durchmesser und 10 - 20 cm hoch. Auf weiß-grau-braunem Grund findet sich eine leichte netzige weiße Zeichnung. Jüngere Pilze zeigen fast weiße Röhren und eine hellere Hutfarbe. Der Hut ist gewölbt und wird später flacher.

Der ganz junge Steinpilz trägt auf einem schon gut entwickelten, fast kugeligen Stiel einen winzigen Hut, der dem Stiel sehr eng aufliegt. In diesem Zustand ist noch nicht zu erkennen, daß es sich um einen jungen Riesen handelt.

Der Steinpilz kann mit anderen Röhrlingen verwechselt werden. Eine Verwechslung mit dem Satanspilz ist ausgeschlossen, da der Steinpilz kein blauendes Fleisch hat und jegliche rote Farbe fehlt.

Unangenehm, wenn auch nicht gefährlich, ist eine Verwechslung mit dem Gallenröhrling.

Man unterscheidet verschiedene Standortarten des Steinpilzes, die aber keine selbständigen Arten sind.

In Laubwäldern wächst der Eichensteinpilz mit dunkelbraunem Hut, in warmen Wäldern wächst der Schwarzhütige Steinpilz mit dunklem Hut.

Der Steinpilz ist weit verbreitet, wächst gerne in alten Buchenbeständen, aber auch in Nadelwäldern. Er wächst schon im Früh-

25 Steinpilz

sommer, verschwindet wieder im Hochsommer, um erst im Herbst wieder in größeren Mengen zu erscheinen. Ein bevorzugter Platz sind Waldränder, lichte Waldstellen, alte Buchenbestände und Waldwege.

In manchen Gegenden heißt der Steinpilz einfach ›Pilz‹, im Gegensatz zu den übrigen Pilzen, die mit der Bezeichnung ›Schwämme‹ etwas abgewertet werden. Er gilt als einer der schmackhaftesten Pilze, eignet sich zu Suppen, Gemüsen und Mischgemüsen (wozu er eigentlich zu schade ist). Man kann ihn trocknen, einwecken oder tiefgefrieren.

In stadtnahen Wäldern kann der Steinpilz nur mittwochs und donnerstags gesucht werden. Freitags schwärmen die ersten berufstätigen Pilzfreunde, die die Woche über keine Zeit haben, dank der Gleitzeit in den Betrieben bereits am frühen Nachmittag aus und laufen ›ihre‹ Plätze ab. Was sie übersehen, wird mit Sicherheit am frühen Samstagmorgen eingesammelt. Bereits sonntags besteht wenig Aussicht auf Erfolg. Zwei Tage brauchen Steinpilze mindestens um neue Fruchtständer zu treiben, so daß Pensionäre mittwochs und donnerstags Aussicht auf Erfolg haben. Es ist Ehrensache, daß jeder Pilzfreund seine ›Plätze‹ weiß, die er selbstver-

26 Gruppe junger Steinpilze

ständlich niemandem verrät. Sogar Familienangehörige werden nur widerstrebend eingeweiht.

Haben Sie schon einmal einen Pilzsucher kennengelernt, der im Jahr weniger als 40 Pfund Steinpilze findet? Natürlich nur junge und madenfreie Exemplare. Glauben Sie es nicht, er übertreibt, er findet auch nicht mehr als Sie.

Fahler Röhrling

Boletus impolitus (Fr.)

Eßbar und gut

Dem Steinpilz ist eine ganze Reihe Dickfußröhrlinge ähnlich. Außer dem Fahlen Röhrling wären hier vor allem zu nennen: Anhängselröhrling *(Boletus appendiculatus)*, Königsröhrling *(Boletus regius)* und Sommerröhrling *(Boletus aestivalis)*. Diese Röhrlinge sind alle ausgezeichnete Speisepilze, kommen aber nur selten vor, daher sollte man sie schonen.

Der Hut des Fahlen Röhrlings ist fahl, hellgrau-braun, körnig, feinfilzig, halbkugelig bis flach gewölbt und wird bis zu 20 cm groß.

Das Fleisch des massigen Hutes ist hellgelb, läuft nicht an und riecht angenehm. Die Röhren sind leuchtend zitronengelb; der Stiel ist hellgelb, am Stielende etwas dunkler, schlank bis verdickt, filzig bis feinfaserig, manchmal mit roten Flecken. Er kommt im Spätherbst im Laubwald vor und ist selten. Der Fahle Röhrling ist ein ausgezeichneter Speisepilz.

Abb. 27 **Anhängsel-Röhrling**
Boletus appendiculatus (Schff. ex Fr.)

Wohlschmeckend

Dem Fahlen Röhrling ähnlich ist der Anhängsel-Röhrling. Wegen seines gelben Fleisches, seiner gelben Röhren und des gelblichen Stieles heißt dieser Pilz auch Gelber Steinpilz oder Gelber Bronzeröhrling.
Der Hut ist hell-dunkelbraun, trocken, glatt und bis zu 15 cm breit, dick und fleischig.
Das Fleisch ist auffallend gelb, manchmal leicht blauend, teilweise ist es rötlich gemasert. Der Stiel ist am Grunde bräunlich, sonst gelb und zeigt eine ganz leichte Netzzeichnung. Wie beim Steinpilz ist auch hier der Stiel dick und kräftig. Die Stielbasis ist wurzelähnlich zugespitzt. Dieses ›Anhängsel‹ steckt tief im Boden.
Er kommt im Sommer und Herbst in Laubwäldern vor, aber auch in Mischwäldern und scheint kalkige Böden zu bevorzugen.
Der Pilz ist ein hervorragender Speisepilz, der dem Steinpilz gleichgestellt werden muß.

27 Anhängsel-Röhrling (›Gelber Steinpilz‹)

28 Gallenröhrling. Deutlich erkennt man die Rosafärbung der Röhren und die Netzzeichnung des Stieles.

Gattung: Rosasporröhrling **8.1.1.1.7.**
Tylopilus

Gallenröhrling
Tylopilus felleus (Bull. ex Fr.) P. Karst *Abb. 28*

Ungenießbar

Der Gallenröhrling ist der einzige Röhrling mit rosa Sporen. Deshalb verfärben sich die zunächst weißen Röhren beim erwachsenen Pilz ganz leicht rosa. In diesem Zustand ist der Pilz am einfachsten zu erkennen, zumal sich die reife Röhrenschicht unter dem Hut hervorwölbt und schon von weitem sichtbar ist. Der Hut wird bis zu 13 cm dick und ist hellbraun gefärbt. Der Stiel ist schlanker als beim Steinpilz, bräunlich gefärbt und trägt ein erhabenes, deutlich sichtbares Netz.

Im jugendlichen Zustand ist die Rosafärbung der Röhren noch nicht sichtbar, auch ist das Netz auf dem Stiel noch nicht ausgeprägt. In diesem Stadium ist eine Verwechselung mit jungen Steinpilzen ohne weiteres möglich. Aber sehr bald hat der erfahrene Pilzsucher den richtigen Blick, um den letzten Endes doch unterschiedlichen Gesamteindruck der beiden Arten zu unterscheiden. Im Zweifelsfall nützt eine Geschmacksprobe. Dazu schneidet man eine kleine Ecke aus dem Pilz heraus und zerkaut sie vorsichtig, bis der Geschmack deutlich wird.

Der zubereitete heiße Pilz schmeckt sehr viel bitterer als der rohe Pilz. Man spuckt die Pilzprobe wieder aus; rohe Pilze sollten

grundsätzlich nicht gegessen werden. Die Geschmacksprobe ist bei Röhrlingen unbedenklich.
Der Gallenröhrling wächst in Nadelwäldern vom Frühsommer bis in den Spätherbst. In manchen Jahren ist er sehr häufig. Im übrigen wird er auch sehr oft mit dem Maronenröhrling verwechselt.
Der Gallenröhrling, auch Gallenbitterling genannt, ist gallenbitter. Obwohl er nicht giftig ist, ist er deswegen ungenießbar. Bereits ein einzelnes Exemplar verdirbt ein ganzes Pilzgericht.
Sehr häufig erscheinen Pilzsucher in der Beratung und zeigen voller Stolz ihre ›Steinpilze‹ vor. Jedesmal gibt es eine große Enttäuschung, wenn die appetitlich aussehenden Bitterlinge in den Abfalleimer wandern.
Um die Kenntnis des Gallenröhrlings sollte sich jeder Pilzsucher intensiv bemühen.

8.1.1.1.8. Gattung Rauhfußröhrlinge
Leccinum

Hierzu zählen so wichtige Speisepilze wie Rotkappe, Birkenpilz und Hainbuchen-Röhrling. Die Rauhfüße zeichnen sich durch schlanke Stiele aus, die faserig schuppig gezeichnet sind.

Abb. 29

Rotkappe — Espenpilz, Orangeroter Geiß- oder Rauhfuß
Leccinum aurantiacum (Bull ex St. Am) S.F. Gray
Leccinum testacoscabrum (Secr.) Sing.

Wohlschmeckend

Man unterscheidet heute zwei Arten, *L. aurantiacum* und *L. testacoscabrum;* beide Arten sind schwer zu unterscheiden, die Hutfarbe ist etwas unterschiedlich, außerdem verfärbt sich erstere Art im Stiel rotorange, die letztere blau oder grünlich. *L. aurantiacum* wächst besonders unter Hainbuchen, Espen, Birken und Weiden, *L. testacoscabrum* im Nadelwald.
Die Rotkappe fällt durch ihre Kappe, den Hut, der ziegelrot-braun gefärbt ist, auf. Bis zu 30 cm breit kann ein ausgewachsenes Exemplar werden, in der Regel hat der Hut aber nur einen Durchmesser von 10 - 20 cm.
Die Huthaut ist feinfilzig ledrig und ragt etwas über den Hut hinaus. Im jugendlichen Zustand schmiegt sich deshalb die überstehende Huthaut ganz eng an den Stiel an, so daß die junge Rotkappe an ein Streichholz erinnert.
Die Röhren sind kurz, weiß, später an den Mündungen etwas dunkler und vom Stiel getrennt, d.h. frei. Der Stiel ist faserig; auf weißem Grund erkennt man dunkle Schuppen. Dem Hut entsprechend ist der Stiel derb, zylindrig, bis zu 15 cm lang und 5 cm dick. Das weiße feste Fleisch verfärbt sich langsam blau-violett-grau.

29 Rotkappe

Auf heideähnlichen Flächen, unter Birken und Pappeln, aber auch in Fichten-, Kiefern- und Buchenwäldern findet man ab Juni die Rotkappe. Wenn man den Erzählungen alter Pilzsucher glauben darf, dann war sie ›früher‹ öfter zu finden als heute. Tatsache ist, die Rotkappe ist wesentlich weniger verbreitet als der Birkenpilz. Im Bayerischen Wald, im Schwarzwald und im Pfälzer Wald wird sie aber auch heute noch eifrig gesucht und auch gefunden. Die Rotkappe ist ein hervorragender Speisepilz. Es lohnt sich, diesen Pilz extra zuzubereiten. Beim Kochen verfärbt sich das Fleisch von Hut und Stiel schwarz. Auch beim Trocknen erfolgt diese Verfärbung, was aber dem Wohlgeschmack und dem Wert des Pilzes keinen Abbruch tut.

Auf der Suche nach der Rotkappe
Es wurde bereits erwähnt, daß man die Rotkappe suchen muß. Wie soll man das machen? Ganz einfach. Machen Sie einen Wochenendausflug in eine waldige Gegend, und planen Sie anhand einer Wanderkarte eine Rundwanderung, mindestens 5 km lang, höchstens 15 km. Wählen Sie einsame Wege, und vergessen Sie nicht, eine Raststätte einzuplanen. Versehen Sie sich mit guten Schuhen,

Rucksack und fester Kleidung (es ist Herbst). Vergessen Sie nicht, einen geräumigen Korb mitzunehmen, ein Messer, eine Lupe, ein Fernglas, eine Fotoausrüstung und einen Schirm. Das Pilzbuch lassen Sie zu Hause. Die Bestimmung unbekannter Pilze im Wald klappt ja doch nicht. Und nun viel Glück! Sie werden auf einer langen Wanderung durch verschiedene Wälder kommen: Nadelwald, Laubwald, Mischwald, junge Bestände und Hochwald. Ihr Weg wird Sie an Bächen entlangführen, wo es feucht ist, und über offene Landschaften. Überall treffen Sie auf eine verschiedene Pilzflora. Sie werden selbst dann, wenn andere nichts finden, erstaunt sein über Ihre Ausbeute. Wenn Sie Glück haben, finden Sie auch Rotkappen.

Selbstverständlich begegnen Ihnen auch viele Pilze, die Sie nicht kennen. Schauen Sie sich diese genau an. Überlegen Sie, was es sein könnte, machen Sie sich vielleicht Notizen.

Nehmen Sie einige unbekannte und besonders interessant erscheinende Pilze mit nach Hause, um dort in aller Ruhe in Ihren Büchern zu stöbern; aber bitte unbekannte Pilze in einem Extrabehälter transportieren, nicht mit dem übrigen Sammelgut mischen. Wenn Sie jetzt noch ihren Pilzberater besuchen und ihm Ihre Fremdlinge zeigen, werden Sie diese ›neuen‹ Arten sicher nicht mehr vergessen.

Abb. 30 **Birkenpilz — Kapuziner, Rauhfuß, Unveränderl. Geißfuß**
Leccinum scabrum (Bull ex Fr.) S.F. Gray

Eßbar und gut

Der bis zu 15 cm breite Hut ist halbkugelig bis abgeflacht, hell bis dunkelbraun und glatt. Die Röhren sind weiß bis hellgrau und auffallend lang. Der Stiel ist frei, die Röhren gehen nicht bis an den Stiel heran. Das Fleisch ist weiß und wird nur ganz leicht grau, beim Kochen aber fast schwarz. Der Stiel ist schlank, faserig-schuppig, hellgrau, bis zu 20 cm hoch und ca. 1 - 2 cm dick.

Wie der Name sagt, ist der Birkenpilz ein Begleiter von Birken; ohne Birken kein Birkenpilz. Er wächst mit Vorliebe an offenen Stellen des Waldes, in offener Landschaft auf Bauminseln, aber auch unter Gebüsch und im Wald. Sehr häufig wächst der Birkenpilz in hohem Gras, so daß man junge Birkenpilze gar nicht ohne weiteres findet, sondern leicht übersieht. Ab Juni ist er anzutreffen. Der Birkenpilz kommt sehr viel häufiger vor als sein edler Doppelgänger, die Rotkappe. Junge Birkenpilze sind fest, trocken und eignen sich zu allen Verwendungszwecken. Leider ist das Fleisch und die Röhrenschicht des Birkenpilzes bei feuchtem Wetter mit Wasser vollgesaugt wie ein Schwamm. Man kann zwar die Röhren ablösen, aber der Pilz ist nach einem längeren Heimweg trotzdem unappetitlich matschig. Der Birkenpilz ist ein guter Speisepilz.

30 Birkenpilz

Hainbuchenröhrling
Leccinum griseum (Quel.) Singer

Eßbar und gut

Der Hainbuchenröhrling sieht dem Birkenpilz sehr ähnlich. Sein Hut ist dunkler, fast schwarz, und das Fleisch bleibt nicht weiß, sondern läuft schwarz an. Auch der Hainbuchenröhrling ist ein guter Speisepilz.

8.1.1.2.

Von der Familie **Dunkelröhrenpilze,** die innerhalb der Ordnung *Boletales* eine eigene Familie bildet, gibt es nur zwei Gattungen, von denen bei uns nur je eine Art vorkommt:

Strubbelkopf
Strobilomyces strobilaceus (Scop. ex Fr.) Berk.

Abb. 31

Gattung Strobilomyces

Ungenießbar

Er ist der einzige Vertreter der Schuppenröhrlinge. Der Strubbelkopf hat graue, düstere Farben. Der Hut ist auffallend schuppig. Die einzelnen Schuppen liegen dachziegelartig übereinander und stehen ab, so daß ein ›strubbeliges‹ Aussehen zustande kommt.
Die Röhren sind mit einem vergänglichen Schleier geschützt, der als Ring am Stiel hinterbleibt. Die Röhren sind grau und verfärben sich auf Druck schwarz. Das weiße Fleisch läuft rosa an. Der Stiel

31 Strubbelkopf

ist überwiegend dunkelbraun gefärbt. Der Pilz ist wegen seiner Bitterkeit ungenießbar. Der Strubbelkopf wächst im Laubwald und ist selten.

Düsterer Röhrling
Porphyrellus pseudocaber (Secr.) Sing.

Gattung Porphyrellus

Ungenießbar

Der Düstere Röhrling ist der einzige Vertreter der Porphyr-Röhrlinge. Der Pilz ist in allen Teilen düster, graubraun gefärbt. Er wird bis zu 15 cm groß und wächst im Laub- und Nadelwald. Der Düstere Röhrling fällt wegen seiner dunklen Färbung sofort auf; er ist bitter und ungenießbar.

Im weitesten Sinne zählt zu den Röhrenpilzen die Familie der

8.1.1.3. Krempenpilze
Paxillaceae

Die Krempenpilze sind – wie bereits erwähnt – Blätterpilze, deren Blätter gegabelt oder queradrig miteinander verbunden sind. Zu den Krempenpilzen zählen die Gattungen
Kremplinge *(Paxillus)* und
Gabelblättlinge *(Hygrophoropsis)*

32 Falscher Pfifferling

Der berühmteste Gabelblättling ist der

Falsche Pfifferling
Hygrophoropsis aurantiaca (Wulf. ex Fr.) R. Mre.

Gattung Gabelblättlinge

Geringwertig

Der Falsche Pfifferling wird auch zu den echten Blätterpilzen gezählt und muß dann bei den Trichterlingen eingereiht werden. Seine Verwandtschaft mit den Kremplingen ist aber nicht zu übersehen. Der Hutrand ist lang eingerollt wie eine Hutkrempe. Der Pilz ist in allen Teilen goldgelb bis orange gefärbt. Die Blätter laufen am Stiel herab und sind deutlich gegabelt. Der Hut ist bis zu 5 cm breit, dünnfleischig und flattrig. Mit dem echten Pfifferling kann er eigentlich nicht verwechselt werden. Dieser hat keine Blätter, sondern nur Leisten, d.h., die Blätter sind auf dicke erhabene Adern reduziert. Der Falsche Pfifferling wächst in Nadelwäldern, oft auf moosigem Boden im Spätherbst. Er ist ungiftig, aber zäh und nicht schmackhaft.

Kahler Krempling
Paxillus involutus (Batsch) Fr.

Abb. 33

Giftig

Der Kahle Krempling ist ein Vertreter der Kremplinge. Wie bei allen Krempenpilzen hat auch der Kahle Krempling einen lange Zeit eingerollten Hutrand. Der Blätter laufen trichterförmig am Stiel herab. Der Hut erreicht einen Durchmesser von 12 cm und ist rotbraun gefärbt. Von gleicher Farbe ist der ca. 5 cm lange Stiel.

33 Kahler Krempling

Gattung Kremplinge

Die Blätter sind ähnlich gefärbt wie der Hut, vielleicht etwas heller und queradrig miteinander verbunden. Auf Druck verfärben sich die Blätter dunkelbraun.
Der Kahle Krempling wächst von Juni bis November, er ist sehr häufig, wird sowohl in Laub- als auch in Nadelwäldern gefunden und bevorzugt Baumstümpfe.
Der Wert dieses Pilzes gibt in der Pilzberatung häufig Anlaß zu Diskussionen. Viele ältere Pilzfreunde haben in der Vergangenheit den Kahlen Krempling gesucht und gegessen. In alten Pilzbüchern wird er fälschlich als eßbar bezeichnet.
Inzwischen muß aber festgestellt werden, daß der Kahle Krempling Vergiftungen hervorrufen kann. In einigen Fällen muß er sogar für Todesfälle verantwortlich gemacht werden. Vom Genuß dieses Pilzes ist deshalb dringend abzuraten. Roh ist der Kahle Krempling besonders giftig.

Ein naher Verwandter des Kahlen Kremplings ist der

Abb. 34

Samtfußkrempling
Paxillus atrotomentosus (Batsch.) Fr.

Geringwertig

Es handelt sich um einen großen derben Krempling, der an Baumstümpfen sehr häufig vorkommt. Man erkennt diesen Pilz an seinem schwarzbraunen samtig überzogenen Stiel. Die anfangs eingerollten braunen Hüte erreichen Durchmesser bis über 25 cm. Der häufige Pilz schmeckt leider bitter und dumpf und ist deshalb praktisch nicht genießbar.

34 Samtfuß-krempling

Familie Gelbfußpilze **8.1.1.4.**
Gomphidiaceae

Gelbfußpilze zählen wie die Krempenpilze zu der Ordnung der Röhrenpilze. Sie haben trichterförmig herablaufende Blätter, sind schleimig und zeigen meist eine gelbe Stielbasis.

Großer Gelbfuß — Kuhmaul, Schmierling *Abb. 35*
Gomphidius glutinosus (Schff.) Fr.

Gattung Gelbfüße

Eßbar und gut

Andere Bezeichnungen, wie Schmierling, schmieriger Gelbfuß, Kuhmaul oder gar Rotzer, gehen sehr einprägsam auf die Beschaffenheit dieses Pilzes ein. Der Hut ist von einer schleimigen weißen durchsichtigen Haut umgeben, die über den Hutrand hinweg bis zum Stiel gespannt ist und auch den größten Teil des Stieles überzieht. Beim ausgewachsenen Pilz reißt diese Haut ab, so daß Hut und Stiel schleimig bleiben.
Der Hut ist dunkelbraun gefärbt. Die Blätter sind groß, dick, entfernt und laufen am Stiel herab.
Zunächst sind die Blätter weiß, färben sich dann aber durch die reifen Sporen schmutzig-grau. Der Stiel ist im oberen Teil weiß, am Fuße deutlich goldgelb gefärbt. Das Fleisch ist im Hut und Stiel weiß bis hellgrau, an der Stielbasis gelb.
Der Pilz ist mittelgroß, erreicht Breiten von 10 cm und wird bis zu 10 cm hoch.

Der große Gelbfuß wächst von Juli bis Oktober in Fichtenwäldern und tritt in jungen Fichtenbeständen oft in großen Mengen auf. Selten findet man nur ein Exemplar allein.

Er ist ein recht guter Speisepilz. Alte Exemplare sind zu feucht und weich. Dieser Pilz wird häufig verkannt. Man sollte ihn unbedingt kennenlernen, da er wegen seines häufigen Vorkommens ein dankbarer Speisepilz ist.

Die schmierige Haut, die dunklen Sporen, die sofort Flecken an den Fingern hinterlassen, der gelbe Fuß und das weiche weiße Fleisch kennzeichnen ihn gut. Die schleimige Haut sollte man sofort an der Fundstelle entfernen. Mit einiger Übung kann dies unter Zuhilfenahme eines Messers mit einem einzigen Ruck geschehen – sie bleibt dann hartnäckig an den Fingern und dem Messer kleben.

Abb. 36 **Kupferroter Gelbfuß**
Gomphidius rutilus (Schff. ex Fr.) Lund. et Nannf.
= *Chroogomphus rutilus (Schff. ex Fr.) O.K. Miller*

Die Ähnlichkeit mit dem Großen Gelbfuß fällt auf. Der in der Mitte spitz gebuckelte Hut, die fehlende schleimige Haut und die typische kupferrote Farbe machen ihn aber doch deutlich kenntlich.

Die Blätter sind ähnlich gefärbt wie der Hut und laufen am Stiel herab. Der kreisrunde Hut wird bis zu 10 cm breit, der etwas hellere gelbbraune Stiel bis zu 10 cm hoch.

Man findet den kupferroten Gelbfuß vom Sommer bis in den Herbst in Kiefernwäldern. Er ist häufig und ein guter Speisepilz.

Eßbar

35 Großer Gelbfuß

36 Kupferroter Gelbfuß

8.1.2. Ordnung Blätterpilze
Agaricales

Das Heer der Großpilze wird von der Vielfalt der Blätterpilze geprägt. Sie sind es, die uns am häufigsten begegnen; ihre Unterscheidung und Bestimmung ist nicht immer einfach. Ohne eine gewisse Kenntnis ihrer Systematik kommt man über das Erlernen einiger weniger Arten nicht hinaus. Wohl oder übel muß sich der interessierte Pilzfreund mit etwas Theorie befassen.
Die Ordnung der Blätterpilze ist nicht übersichtlich. Sie verzweigt sich sehr in verschiedene Familien und Untergruppen, die ineinander übergehen und sich überlappen. Die Botaniker verändern dieses System ständig, da sich immer wieder neue Erkenntnisse ergeben, die eben Veränderungen notwendig machen.
Unsere giftigsten Pilze zählen zu den Blätterpilzen. Viele Speisepilze gehören ebenfalls zu dieser Ordnung. Deshalb ist es unbedingt notwendig, auf die wichtigsten Familien und Gattungen dieser Ordnung etwas näher einzugehen und deren Merkmale darzustellen.
Die Blätterpilze werden im natürlichen System der Pilze in folgende Familien unterteilt: Tabelle S. 79

Die letztgenannten *Russulaceae* sind eigentlich keine Familie der Blätterpilze, sondern eine eigene Ordnung.
In älteren Darstellungen findet man den Begriff ›Freiblättler‹, darunter hat man alle die Gattungen zusammengefaßt, die freie Blätter haben, d.h. Pilze, bei denen die Blätter nicht bis an den Stiel

37 Möglichkeiten des Blattansatzes bei Blätterpilzen. Der Blattansatz ist ein wichtiges, makroskopisch sichtbares Merkmal für die Pilzbestimmung.

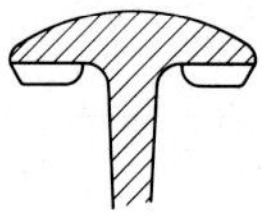

Blätter reichen nicht bis an den Stiel heran, sie sind frei.

Blätter mit ‚Zähnchen' angewachsen, ausgebuchtet (Ritterlingsartige Pilze).

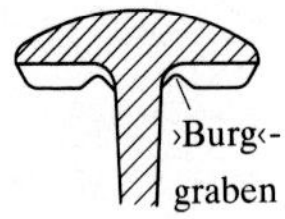

Bezeichnung	**wiss. Bezeichnung**	**Bemerkung**
Wulstlingsartige Pilze, Knollenblätterpilze	*Amanitaceae*	Sporen meist weiß, die Blätter reichen nicht bis an den Stiel heran. Stielbasis verdickt, Teilhülle und Gesamthülle
Dachpilzartige Pilze	*Plutaceae*	Blätter frei, keine Hüllen, Sporen rosa
Edelpilze, Champignonähnliche Pilze	*Agaricaceae*	Stielbasis oft verdickt, Teilhülle, Sporen weiß oder braun, Blätter frei
Rötelpilze	*Rhodophyllaceae (Entolomataceae)*	Blätter nicht frei, Sporen rötlich
Ritterlingsartige Pilze	*Tricholomataceae*	Sporen meist weiß, Blätter ausgebuchtet angewachsen oder herablaufend, keine Hüllen
Wachsblättler, Dickblättler	*Hygrophoraceae*	auffallend dicke wachsähnliche Blätter, farblose Sporen
Haarschleierlinge	*Cortinariaceae*	Riesenfamilie, meist beschleiert, Sporen gelb bis braun, violett
Dunkelblättler, Schuppenpilze	*Strophariaceae*	Sporenpulver ocker bis purpurbraun, Stiel mit oder ohne Ring
Mistpilzartige	*Bolbitiaceae*	Sporenpulver rostocker bis dunkelbraun, auf Mist, Holz, Pflanzenresten
Krüppelfüße	*Crepidotaceae*	zurückgebildete Stiele, seitliche Stiele
Tintlinge	*Coprinaceae*	zersetzen sich selbst und zerfließen dabei tintenähnlich
Täublingsartige Pilze	*Russulaceae*	spröde Blätter, sprödes Fleisch, z.T. milchend

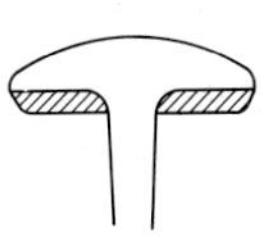

Blätter am Stiel angewachsen, nicht frei.

Blätter laufen am Stiel herab (Trichterlinge).

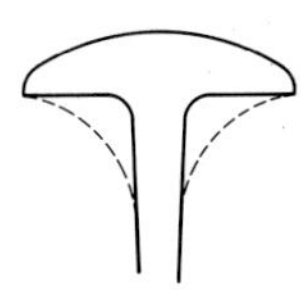

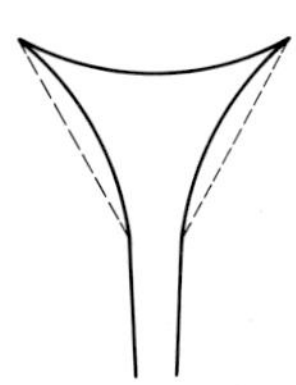

heranreichen, sondern einen deutlichen Zwischenraum zwischen Blattende und Stiel zeigen. Dazu gehören:
Wulstlinge *(Amanita)*
Schirmlinge *(Lepiota)*
Champignons *(Agaricus)*
Dachpilze *(Pluteus)*.
Der Begriff Freiblättler ist ein Begriff des künstlichen Systems der Pilze, ist aber hilfreich für die Pilzbestimmung.
Beim künstlichen System wäre noch eine Familie Zähblättler aufzuführen, die aber Verwandtschaften zu den Porlingen zeigt und deshalb nicht zu den Blätterpilzen gerechnet wird. In der folgenden Darstellung werden abweichend vom natürlichen System die Zähblättler unter Blätterpilzen aufgeführt.
Darüber hinaus soll eine Gruppe zusammen beschrieben werden, die überhaupt nicht zusammengehört, ›die büschelig wachsenden Holzbewohner‹, da diese für den Pilzfreund von besonderem Interesse sind.

8.1.2.1. Familie Wulstlingsartige Pilze

Amanitaceae (Knollenblätterpilze)

Diese Familie gliedert sich in die Gattungen

Amanita – Wulstlinge
Limacella – Schleimschirmlinge.

Von den Schleimschirmlingen gibt es nur wenige Arten, die oft zu *Amanita* oder zu *Lepiota* (Schirmlinge) gezählt werden, d.h., die Familie *Amanitaceae* besteht im wesentlichen aus einer Gattung, den Wulstlingen *(Amanita)*.

8.1.2.1.1. Gattung Wulstlinge

Amanita

Wer Pilze sucht und sich nicht auf Röhrlinge beschränkt, sondern auch Blätterpilze sammelt, muß die Gattung der Wulstlinge kennen.
Sie beinhaltet neben den tödlich giftigen Knollenblätterpilzen den giftigen Fliegenpilz, den ebenfalls schwergiftigen Pantherpilz, aber auch den schmackhaften Perlpilz.
Im Laufe der Entwicklung von primitiven einzelligen oder mehrzelligen Mikroorganismen zu höher organisierten Pilzen haben sich Gruppen von Pilzen mit unterschiedlichem Entwicklungsgrad etabliert. Die Wulstlinge gehören zu denjenigen Pilzen, die am höchsten entwickelt sind. Der junge aufbrechende Pilz ist von

38 Schematische Darstellung der Wulstlinge. Vergleich eines noch nicht aufgeschirmten Pilzes mit einem voll entwickelten.

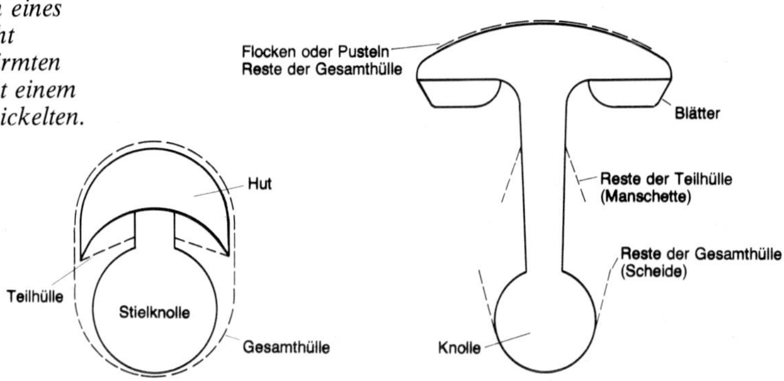

einer Hülle hermetisch eingeschlossen und geschützt. Damit diese Hülle nicht frühzeitig reißt, ist der junge, noch ganz kurze Stiel knollenförmig verdickt, so daß die umhüllende Haut ein nahezu eiförmiges Gebilde umschließt. Zug- und Druckkräfte werden so gleichmäßig verteilt; diese ›Konstruktion‹ hat maximale Festigkeit. Beim Wachsen streckt sich der Stiel, die Hülle wächst nicht mit und reißt ab. Die Reste dieser Hülle hinterbleiben am voll ausgewachsenen Pilz als lappige Scheide am Stiel und teilweise als Pusteln auf dem aufgeschirmten Hut. Je nach Wulstlingsart ist das ›Abreißen‹ am Stiel verschieden. Bei den Knollenblätterpilzen hinterbleibt am Stielgrund eine deutliche Scheide, am Pantherpilz ist nur noch die ursprüngliche Anwachsstelle sichtbar (›Bergsteigersöckchen‹), beim Perlpilz ist kein Rückstand an der Knolle zu erkennen. Reißt die Hülle ohne Hinterlassung einer Scheide ab, verbleibt der größte Teil als flockenartiger Rückstand auf dem Hut.

Außer dieser Gesamthülle schützt eine ›Teilhülle‹ *(velum partiale)* die Blätter des noch nicht geöffneten Pilzes. Auch diese Hülle reißt schließlich beim Aufschirmen des Pilzes ab. Das Abreißen erfolgt am Hutrand. Die ursprüngliche Hülle hinterbleibt als Manschette am Stiel. Im geschlossenen Zustand lag diese Teilhülle dicht an den jungen Blättern an. Bei verschiedenen Wulstlingsarten ist deshalb noch an der Manschette das Muster der Blätter als Riefung zu erkennen.

Alle Wulstlinge haben weiße Sporen und deshalb in fast allen Fällen auch reinweiße Blätter. Die Blätter sind nicht am Stiel angewachsen, sondern frei, d.h., zwischen der Stelle, wo der Hut am Stiel festgewachsen ist, und dem Beginn der Blätter ist ein deutlicher Zwischenraum. Damit sind die Wulstlinge hinreichend makroskopisch, d.h. ohne Mikroskop deutlich von anderen Pilzgruppen unterscheidbar. Innerhalb der Gruppe kann man mit einiger Übung die einzelnen Arten ebenfalls recht gut unterscheiden. (Einige wenige seltene Arten haben grüne Sporen.)

Zusammengefaßt erkennt man die Wulstlinge an:
- der knollig verdickten Stielbasis
- den Resten der Gesamthülle am Stiel und auf dem Hut
- der Manschette
- den freien Blättern
- der weißen Sporenfarbe.

Zu bemerken wäre noch, daß die Hüllenreste auf dem Hut durch Regen abgewaschen werden können, also unter Umständen fehlen.

Zu den Wulstlingen zählen auch die Scheidenstreiflinge, die keine Teilhülle und damit auch keine Manschette haben und außerdem

Vergleich der wichtigsten Wulstlinge

	Knolle	**Stiel**	**Hut**	**Manschette**	**Bemerkung**
Grüner Knollenblätterpilz	mit lappiger Scheide	weiß-grünlich	grün, seidig glänzend	schlaff, feingerieft	tödlich giftig
Weißer Knollenblätterpilz	mit lappiger Scheide	weiß	weiß glänzend	ähnlich grüner Knollenblätterpilz	tödlich giftig
Gelber Knollenblätterpilz	ohne Scheide, Wulstrand deutlich abgesetzt	weiß	gelblich, mit Flocken (Hüllreste)	hängend	schwach giftig, Kartoffelgeruch
Pantherpilz	mit abgesetzter Knolle	weiß	braun, gerieft	ungerieft, etwa an Stielmitte angewachsen	tödlich giftig, schlanker Pilz
Grauer Wulstling	beinahe glatt, warziger Rand	weiß-grau	dunkelbraun, grau	gerieft	eßbar, kräftiger gedrungener grauer Pilz
Perlpilz	fast glatt	weiß-rotbraun	blaß-rötlich-bräunlich, weißliche Flocken, ungerieft	gerieft	eßbar und gut, Fraßstellen besonders an Knolle rotbraun
Fliegenpilz	stark ausgeprägt, mehrere Schuppengürtel	weiß	rot mit weißen Hüllresten (Flocken)	schlaff hängend	sehr giftig, auffallend schöner Pilz

knollenlos sind. Diese Scheidenstreiflinge sind als eine Untergruppe der Gattung Wulstlinge aufzufassen.

Grüner Knollenblätterpilz
Amanita phalloides (Vaill. ex Fr.) Secr.

Abb. 39

Tödlich giftig!

Immer noch ereignen sich in jedem Jahr Vergiftungen durch den Knollenblätterpilz mit tödlichem Ausgang. Da die Giftwirkung erst mehrere Stunden nach dem Genuß der Pilze auftritt, kommt meist jede Hilfe zu spät. Besonders ältere Personen, Kranke und Kinder haben kaum eine Überlebenschance. Deshalb muß jeder Pilzsucher die Knollenblätterpilze kennen!

Lassen Sie sich diesen Pilz auf Ausstellungen zeigen, fragen Sie Ihren Pilzberater danach, der in der Pilzsaison sicher immer ein Exemplar zur Hand hat. Nehmen Sie den Grünen und Weißen Knollenblätterpilz in die Hand, wenn Sie ihn finden, und prägen Sie sich seine Merkmale ein. Transportieren Sie diesen Pilz aber niemals zusammen mit anderen Pilzen in einem Korb. Schon verlorengegangene Bruchstücke, die in ein Mischgemüse geraten, können Vergiftungen hervorrufen. Es sei daran erinnert, lassen Sie jeden Pilz stehen, den Sie nicht genau kennen!

Der Grüne Knollenblätterpilz ist ein typischer Wulstling. Der junge Pilz ist von einer Hülle umschlossen, die später oberhalb der Stielknolle abreißt und dort eine lappige Scheide hinterläßt, die deutlich sichtbar ist, sofern der Stiel nicht zu tief im Boden steckt. Es ist deshalb wichtig, bei Pilzbestimmungen den ganzen Stiel zu betrachten und diesen ganz aus dem Boden zu nehmen und nicht nur abzubrechen.

Auf dem jungen Hut hinterbleiben Reste der Hüllen als grau-weiße Fetzen oder Flocken, die aber sehr bald verschwinden und beim ausgewachsenen Pilz nur selten zu beobachten sind. Der Hut wird bis zu 10 cm breit, ist zunächst halbkugelig, später flach. Die grüne abziehbare Huthaut ist in der Mitte etwas dunkler gefärbt. Der Hut scheint von dunkleren Fasern durchzogen zu sein. Die Hutoberfläche ist aber nicht faserig, sondern glatt und hat einen seidigen Glanz. Die Farbe des Grünen Knollenblätterpilzes, der Glanz und die Form des Pilzes machen ihn schon von weitem kenntlich.

Die Blätter sind weiß und frei, d.h., sie reichen nicht an den Stiel heran. Das Hutfleisch ist weiß und hat einen süßlichen, schwer zu beschreibenden unangenehmen Geruch.

Der Stiel ist weiß, bis zu 12 cm hoch und 1 - 2 cm dick. Er erscheint etwas grün gemasert und trägt in der oberen Hälfte eine leicht geriefte, manchmal lappige Manschette. Diese Manschette ist der Rest der inneren Hülle, die beim noch nicht geöffneten Pilz zwischen Hutrand und Stiel aufgespannt ist und die Blätter schützt.

Die Stielbasis ist knollig verdickt und trägt die bereits erwähnte Scheide. Die Knolle befindet sich in der Regel unter der Erde.

Verwechslung

Alle Knollenblätterpilze können besonders im jugendlichen Zustand mit Champignon-Arten verwechselt werden. Bei jungen Champignons ist die Farbe der Blätter noch blaß, später braun. Auch Champignons haben meist eine etwas verdickte Stielbasis und tragen eine Manschette. Es fehlt ihnen aber die Gesamthülle bzw. deren Reste. Vermutlich sind die meisten Verwechslungen und damit Vergiftungen auf die Ähnlichkeit Champignons – Wulstlinge zurückzuführen.

Verwechslungen mit Schirmlingen sollten nicht möglich sein, diese haben einen schuppig-faserigen Hut und braune Hüte bzw. Stiele.

Grüne Täublinge sind leicht von Knollenblätterpilzen zu unterscheiden. Den Täublingen fehlt nicht nur die Knolle, sondern auch Manschette und Gesamthülle. Außerdem sind die Blätter nicht frei. Täublinge haben brüchiges, sprödes Fleisch und sind nicht von faseriger Struktur wie die Wulstlinge.

Eine entfernte Ähnlichkeit gibt es zwischen Grünen Ritterlingen (z.B. Grünling) und dem Grünen Knollenblätterpilz, allerdings nur dann, wenn man das Fehlen von Knolle, Manschette und Scheide übersieht.

Junge, noch geschlossene Knollenblätterpilze können mit Bovisten verwechselt werden. Beim Durchschneiden erkennt man aber den jungen angelegten Pilz. Boviste enthalten nur eine einheitliche Masse.

Der sicherste Weg, Verwechslungen zu vermeiden, ist die genaue Kenntnis der Wulstlinge, was nicht oft genug betont werden kann. Der Anfänger sollte keine Blätterpilze nehmen, die auch nur entfernt mit den giftigen Wulstlingen Ähnlichkeit haben.

Der Grüne Knollenblätterpilz wächst vorwiegend im Buchenwald, kaum im Nadelwald und erscheint ab Juli bis in den Spätherbst. Er ist häufig, aber nicht jedes Jahr und nicht überall.

Giftwirkung

Der Grüne Knollenblätterpilz ist tödlich giftig. Erst mehrere Stunden nach dem Genuß des Pilzes treten die Vergiftungserscheinungen auf. Heftiges Erbrechen und starker Durchfall sind ernste und erste Anzeichen der Vergiftung. Es ist sofort ein Arzt zuzuziehen, der für die entsprechenden Maßnahmen sorgt.

Gifte im Knollenblätterpilz

Die wirksamen Gifte im Knollenblätterpilz sind Phalloidin und Amanitin. Diese Gifte sind Peptide (Eiweißstoffe), deren Bausteine nicht wie üblich kettenförmig angeordnet sind, sondern ringförmige Moleküle bilden. Diese ringförmigen Eiweißstoffe, die im Prinzip die gleichen Bausteine (Aminosäuren) enthalten wie die kettenförmigen Peptide, können von den Enzymen nicht abgebaut werden. Die Ringpeptide führen zu Schädigungen der meisten inneren Organe, vor allem der Leber.

39 Grüner Knollenblätterpilz

40 Weißer Knollenblätterpilz

Die Tatsache, daß es Tiere gibt, auf die die Gifte des Grünen Knollenblätterpilzes nicht wirken, besagt nichts über die Giftigkeit für den menschlichen Organismus. Fraßstellen an Pilzen sind deshalb kein Hinweis auf deren Genießbarkeit.
Bitte auch die Beschreibung der übrigen Knollenblätterpilze beachten!

Es gibt den Weißen Knollenblätterpilz und weiße Formen des Grünen Knollenblätterpilzes. Hier Unterschiede zu machen muß dem Spezialisten vorbehalten bleiben; für den ›Küchenmykologen‹ ist es einerlei, ob er diesen Pilz oder jenen vor sich hat, sie sind beide tödlich giftig.

Weißer Knollenblätterpilz

Abb. 40 *Amanita verna (Bull. ex Fr.) Pers. ex Vitt.*

Der Weiße Knollenblätterpilz ähnelt in allen Einzelheiten dem Grünen Knollenblätterpilz. Seine Farbe ist reinweiß, seidig, glänzend. Er trägt an der knollig verdickten Stielbasis eine lappige Scheide und am Stiel eine Manschette. Insgesamt scheint der Weiße Knollenblätterpilz etwas kleiner zu sein als der Grüne. Er ist genauso giftig wie sein grüner Doppelgänger.
Verwechslungsgefahr siehe Grüner Knollenblätterpilz.

Tödlich giftig!

Ein weiterer Knollenblätterpilz, der hier aufgeführt werden muß, ist der

Kegelhütige Knollenblätterpilz
Amanita virosa Fr.

Er trägt auf einem faserigen langen Stiel einen kegelförmigen Hut. Die Farbe von Hut und Stiel ist weiß, glänzend seidig. Die Manschette ist dünn und vergänglich. Ein Teil der inneren Hülle bleibt als Schleier am Hutrand hängen. Die Knolle trägt ebenfalls eine lappige Scheide. Auch *Amanita virosa* ist tödlich giftig. Für die Verwechslungen gilt weitgehend das gleiche wie für den Grünen Knollenblätterpilz.

Tödlich giftig!

Abb. 41 **Gelblicher Knollenblätterpilz**
Amanita citrina (Schff.) S.F. Gray

Giftig

›Grüne Knollenblätterpilze‹, die im Nadelwald wachsen, deutliche Flocken (Hüllenreste) auf dem Hut – auch noch im Alter – haben und die eher gelb als grün gefärbt sind, sind in Wirklichkeit Gelbliche Knollenblätterpilze.

41 Gelblicher Knollenblätterpilz

42 Pantherpilz

Der Hut wird bis zu 10 cm breit, ist gelb, manchmal beinahe weiß, aber auch gelbgrün. Die Hüllenreste bleiben auf dem Hut deutlich sichtbar. Der Stiel ist nicht reinweiß, sondern zeigt einen Schimmer von Gelb und wird bis zu 10 cm hoch. Die Manschette hängt herab. Die Knolle trägt einen wulstigen Rand und keine ausgesprochene Scheide wie der Grüne Knollenblätterpilz. Ein auffallendes Zeichen dieses Pilzes ist sein ausgeprägter Geruch nach rohen Kartoffeln. Der Pilz ist nicht häufig. Er erscheint zu gleicher Zeit wie die übrigen Wulstlinge und wächst in Laub- und Nadelwäldern. Seine Giftigkeit ist umstritten. Es muß angenommen werden, daß er schwach giftig ist. Auf keinen Fall ist er so stark giftig wie seine weißen und grünen Doppelgänger. Er darf auf keinen Fall gesammelt werden.

Pantherpilz *Abb. 42*
Amanita pantherina (DC ex Fr.) Secr.

Der Pantherpilz ist ein weiterer schwer giftiger Wulstling. Da er besonders dem Grauen Wulstling und dem eßbaren Perlpilz ähn- *Tödlich giftig!*

Verwechslung

lich sieht, ist es für den Pilzsammler wichtig, auch diesen Pilz genau zu kennen.

Er ist eher schmächtig, schlank, nicht sehr groß und derb. Der Hut ist braun, zunächst halbkugelig, dann flach, am Rande gerieft und wird bis zu 10 cm breit. Die Manschette ist groß und ungerieft. Die Knolle trägt keine Scheide, ist aber deutlich wulstig vom Stiel abgesetzt und zeigt darüber ringartige Zonen. Der Stiel ist weiß, bis 10 cm hoch und ca. 1 cm dick. Das Fleisch ist ebenfalls weiß, auch unter der Huthaut. Auf der Hutoberfläche sind weiße Flecken oder Flocken als Rückstand der Gesamthülle beinahe regelmäßig in Kreisen angeordnet. Diese Flocken können aber – besonders nach Regen – fehlen. Die Blätter sind weiß und frei.

Der Pantherpilz kommt besonders in Nadelwäldern vor und ist ein typischer Herbstpilz, er ist nicht sehr häufig.

Amanita pantherina enthält die gleichen Gifte wie der Fliegenpilz, nämlich Muscarin und Muscaridin.

Giftwirkung

Es treten deshalb bei Vergiftungen durch den Pantherpilz die gleichen Symptome auf wie bei Vergiftungen durch den Fliegenpilz. Da das Gift bereits nach einer Stunde wirkt, sind in der Regel wirksame Gegenmaßnahmen noch möglich. Der Pantherpilz muß zu den tödlich giftigen Pilzen gerechnet werden.

Abb. 43

Fliegenpilz

Amanita muscaria (L. ex Fr.) Hooker

Sehr giftig!

Schon altrömischen Küchenchefs müssen der Fliegenpilz und dessen Abarten ein Alptraum gewesen sein. In den warmen Gegenden des Mittelmeeres wächst der Kaiserling *(Amanita caesarea)*. Im Gegensatz zum Fliegenpilz ist der Kaiserling ungiftig und der schmackhafteste Pilz überhaupt, von dem die Pilzliteratur zu berichten weiß. Nur noch die echten Trüffeln scheinen diesem bei uns sehr seltenen Pilz im Geschmack konkurrieren zu können. In Südfrankreich und Italien wächst der Kaiserling, weshalb dort größte Vorsicht vor Verwechslungen mit dem Fliegenpilz geboten ist.

Der Fliegenpilz zählt zu den Wulstlingen und trägt alle Kennzeichen dieser Gruppe. Der junge Pilz ist von einer Gesamthülle umschlossen, die nicht mitwächst und zerreißt. Auf dem roten Hut hinterbleiben weiße Flocken, an der knolligen Stielbasis ein warziger Kranz. Eine Teilhülle schützt die jungen Blätter und bleibt als Manschette am Stiel zurück. Die Blätter reichen nicht ganz an den Stiel heran und sind weiß. Der Stiel ist ebenfalls weiß und nur selten leicht gelblich getönt. Er wird bis zu 20 cm hoch und 1 - 2 cm dick.

Der Hut erreicht einen Durchmesser von ca. 20 cm, ist beim jungen Pilz halbkugelig und flacht mit zunehmendem Alter ab. Der Rand ist zunächst glatt und wird später leicht gerieft. Das Fleisch ist

43 Fliegenpilz

weiß; unter der Huthaut, die teilweise abgezogen werden kann, ist das Fleisch gelb bis gelbrot gefärbt.

Es gibt vom Fliegenpilz Abarten, die im Hut mehr bräunliche oder gelbe Tönungen zeigen. Der bereits erwähnte Kaiserling hat gelbe Blätter, einen gelben Stiel und zeigt außerdem am Stielende noch lappige Reste der Gesamthülle. Beim Fliegenpilz hinterläßt die Gesamthülle am Stielende nur einen warzigen Kranz.

Verwechslung

Vorsicht ist geboten bei ganz jungen und geschlossenen Fliegenpilzen. In diesem Zustand erinnern die eiförmigen Gebilde an Boviste. In der ›Eiform‹ sehen sich alle jungen Wulstlinge sehr ähnlich, weshalb besonders beim Suchen von Perlpilzen Vorsicht geboten ist. Auch erfahrene Pilzkenner sollten sich junge geschlossene Fliegenpilze einmal aus der Nähe ansehen.

Mit anderen roten Pilzen, z.B. Täublingen, kann der Fliegenpilz nur von ganz unerfahrenen Pilzsammlern verwechselt werden.

Der Fliegenpilz wächst vorwiegend im Nadelwald, aber auch im Laubwald. Er erscheint schon im Spätsommer, wird aber vorwiegend im Herbst beobachtet. Er ist häufig und wächst oft gesellig.

Gruppen von Fliegenpilzen sind ein malerischer Anblick und ein dankbares Fotomotiv. In der Nähe von Fliegenpilzen lohnt es sich, auch nach anderen Pilzen, insbesondere nach Steinpilzen, Ausschau zu halten. Der Fliegenpilz ist ein Schmuck unserer Wälder. Jedermann kennt ihn und erfreut sich an den herrlichen Farben. Soll ein Pilz dargestellt werden, dann wird ein roter Hut mit wei-

ßen Tupfen gemalt. So lernen schon die Kleinkinder in ihren Märchen- und Bilderbüchern den Fliegenpilz kennen.
Mit dem Fliegenpilz fest verbunden ist der Begriff ›Gift‹. Wegen seiner roten Farbe, die als Warnfarbe empfunden wird, gilt der Fliegenpilz als besonders giftig.
Leider sind unsere allerschlimmsten Giftpilze nicht so auffällig gefärbt wie der Fliegenpilz. Tatsächlich ist der Fliegenpilz giftig, wenn auch nicht so stark wie der Knollenblätterpilz oder der ziegelrote Rißpilz. Er enthält die Gifte Muscarin und Muscaridin, die bei entsprechenden Mengen innerhalb weniger Tage den Tod herbeiführen. Die Giftwirkung tritt schon eine Stunde nach dem Genuß der Pilze auf. Es ist auf schnellstem Wege für Erbrechen zu sorgen, der Arzt zu rufen und der Magen auszupumpen. Als Kennzeichen der Giftwirkung gelten Lähmungen, Krämpfe, Atemnot, Halluzinationen, Sehstörungen u.a. Die Giftmenge scheint im Fliegenpilz unterschiedlich zu sein. Tödliche Vergiftungen kommen durch den Fliegenpilz bei uns wegen seiner leichten Kenntlichkeit praktisch nicht vor.

Giftwirkung

Daß junge Fliegenpilze eßbar seien, wenn man nur die Huthaut entfernt, könnte zu leichtsinnigen Handlungen verführen. Vorsicht! Der Fliegenpilz ist äußerst giftig, Experimente mit ihm verbieten sich von selbst.

Abb. 44

Grauer Wulstling

Amanita spissa (Fr.) Kummer

Eßbar

Vom Sommer bis in den Herbst hinein findet man vorzugsweise in Nadelwäldern, aber auch im Laubwald einen Wulstling, der sowohl dem Pantherpilz als auch dem Perlpilz ähnlich sieht.
Die Bezeichnung ›Grauer Wulstling‹ nimmt Bezug auf den zunächst weißen, aber bald grauen Stiel und die ebenfalls graue Manschette und Hüllenreste auf dem Hut.
Die ebenfalls geläufige Bezeichnung ›gedrungener Wulstling‹ ist eine Anspielung auf den Gesamthabitus des Pilzes, der breit und stämmig erscheint.
Der Hut wird bis zu 10 cm breit, ist halbkugelig bis gewölbt und dickfleischig. Die Huthaut ist graubraun und dicht mit mehligen Flocken konzentrisch besetzt, abziehbar und rissig. Der stämmige Stiel wird 2 - 3 cm dick, ist grau und trägt eine geriefte Manschette. Die Knolle ist sehr ausgeprägt, etwas dunkler gefärbt als der Stiel, ungerandet und ohne Wulst. Über der Knolle erscheint der Stiel etwas schuppig. Man erkennt mehrere Schuppengürtel. Die Knolle steckt oft tief im Boden.
Das Fleisch ist weiß bis grau und hat einen eigenartigen Geruch, der annehmen läßt, daß der Pilz nicht besonders wohlschmeckend ist.

44 Grauer Wulstling

Der Graue Wulstling ist ungiftig und eßbar. Er wird aber wenig gesammelt, da er zu leicht mit dem Pantherpilz verwechselt werden kann. Es kann auch nicht dazu geraten werden, den Grauen Wulstling als Speisepilz zu sammeln, obwohl man in manchen Gegenden sehr rasch den Korb damit füllen könnte. Aber gerade weil man ihn sehr häufig findet, könnte die Aufmerksamkeit einmal nachlassen, was verheerende Folgen hätte.
Es gibt mehrere Formen vom Grauen Wulstling, die teils als eigene Art, teils als Varietäten betrachtet werden.

Perlpilz *Abb. 45*
Amanita rubescens (Pers. ex Fr.) Gray

Eßbar, roh giftig

Die Gruppe der Wulstlinge enthält nicht nur Giftpilze. Ein dankbarer Speisepilz, der Perlpilz, zählt ebenfalls zu dieser Gattung.
Der Perlpilz ist unter den Wulstlingen gut zu erkennen. Der Hut ist braunrot, die Huthaut abziehbar, das Fleisch unter der Haut rötlich, der Hutrand nicht gerieft; gerieft ist aber die deutliche Manschette. Die Knolle ist glatt, kräftig und ohne Wulst oder Hüllenreste, manchmal etwas warzig. Fraßstellen an Hut oder Stiel sind braunrot verfärbt. Überhaupt ist das Vorhandensein von rötlichen Farben typisch.
Die Größe des Pilzes ist sehr variabel. Es gibt kräftige, stämmige Exemplare, mit einem Stieldurchmesser von 3 cm und einer Höhe bis zu 15 cm. Der Hut kann bis zu 15 cm breit werden. Es gibt aber auch zierliche Formen. Die Hutfarbe kann von hell-rotbraun bis

45 Perlpilz

dunkelrotbraun variieren. Der junge Pilz hat einen glockigen Hut. Allmählich wird der Hut aber flach.

Die Reste der Gesamthülle verbleiben auf der Hutoberfläche als weiße, weißgraue bis hellbraune Flocken. Diese Flocken sind abwaschbar, weshalb sie auch bei älteren Exemplaren fehlen können.

Die Lamellen sind weiß, verfärben sich aber im Alter etwas rotbraunfleckig. Der Stiel ist weiß bis rötlich-weiß. Besonders die Stielbasis zeigt rostrote Farben.

Das Sammeln von Perlpilzen setzt einige Erfahrung voraus. Verwechselungen mit dem Pantherpilz sind durchaus möglich und gefährlich. Auch mit braunen Formen des Fliegenpilzes könnte man den Perlpilz verwechseln. Besondere Aufmerksamkeit ist notwendig, wenn junge und geschlossene Perlpilze gesammelt werden. In diesem Zustand hat der Perlpilz große Ähnlichkeit mit einem jungen Fliegenpilz.

Der Perlpilz ist deshalb ein dankbarer Speisepilz, weil er praktisch überall zu finden ist und vom Sommer bis in den Spätherbst gesammelt werden kann. Sowohl im Nadelwald als auch im Laubwald ist er zu finden, in sandigen Gegenden und auf kalkhaltigen Böden. Perlpilze findet man fast immer; findet man keine, dann ist entweder noch keine Pilzzeit oder ganz schlechtes Pilzwetter.

Er kann durchaus als gut bezeichnet werden, wenn ihn auch manche Pilzfreunde nur in Mischgemüsen verwenden. Roh ist er giftig, er muß gut gedünstet oder gekocht werden. Die Huthaut muß abgezogen werden.

46 Orangegelber Scheidenstreifling

Orangegelber Scheidenstreifling *Abb. 46*
Amanita crocea (Quel.) Sing.

Eßbar

Es gibt mehrere Arten von Scheidenstreiflingen, die sich nur in der Farbe und dem Standort unterscheiden. *Amanita vaginata* hat eine graue Farbe. Die Abbildung zeigt *Amanita crocea* mit orangegelbem Hut. Daneben gibt es Arten mit braunen und gelbbräunlichen Farben. Lange Zeit wurden die verschiedenen Formen nur als Subspezies einer einzigen Art angesehen. Da aber die Erscheinungsformen konstant sind, unterscheidet man heute verschiedene echte Arten. Die Scheidenstreiflinge sind Wulstlinge ohne innere Teilhülle, wohl aber mit einer Gesamthülle. Die Manschette fehlt deshalb. Der Hut ist im jugendlichen Zustand sehr schlank, kegelig und auffallend durch eine deutliche Riefung gezeichnet. Die Huthaut ist oft schmierig, der Stiel heller, aber ähnlich gefärbt wie der Hut, etwas schuppig, lang, schlank und hohl. Der Pilz ist nicht sehr fleischig, eher dünnfleischig und sehr zerbrechlich. Gesammelte Scheidenstreiflinge werden deshalb sehr rasch unansehnlich und verderben leicht. Das auffallendste Zeichen am Scheidenstreifling ist die hohe Scheide, die den Stiel an der Stielbasis umgibt; sie ist lappig und kräftig. Der junge Pilz ist eiähnlich von der Gesamthülle umschlossen, aus der nach und nach der schlanke kegelige Hut hervorschaut. Eine Stielknolle fehlt. Er ist häufig und wächst in Laub- und Nadelwälddern. Der Scheidenstreifling ist eßbar und kann durchaus für Mischgemüse verwendet werden.

8.1.2.2. Familie Dachpilzartige Pilze
Plutaceae

Diese Familie wird in zwei Gattungen unterteilt:
Volvariella (Scheidlinge)
und *Pluteus* (Dachpilze).
Die Scheidlinge ähneln weitgehend den Scheidenstreiflingen, aber sie haben rosa gefärbte Sporen. Bekannt ist der Wollige Scheidling *(Volvariella bombycina),* der bis zu 20 cm groß wird, weiß gefärbt ist und auf Holz vorkommt. Für den Pilzfreund wichtiger sind die

Dachpilze
Pluteus

Dachpilze sind Freiblättler wie die Wulstlinge, Scheidenstreiflinge, Schirmpilze und Scheidlinge. Die bisher aufgeführten Wulstlinge haben alle entweder eine Gesamthülle, Teilhülle oder beides.
Die Dachpilze zeigen keines der aufgeführten Merkmale, sie sind ohne sichtbare Teil- bzw. Gesamthülle, also ›nackt‹, haben rosa Sporen und damit rosa gefärbte Blätter und wachsen vorwiegend auf Holz. Die Gattung ist nicht sehr groß, als solche leicht zu erkennen, wenngleich die Bestimmung der einzelnen Arten nicht immer leicht ist.

47 Rehbrauner Dachpilz

48 Schwarzschneidiger Dachpilz

49 Löwengelber Dachpilz

Rehbrauner Dachpilz
Pluteus cervinus (Schff. ex Fr.) Kummer
= P. atricapillus (Secr.) Sing.

Abb. 47

Dieser Pilz wächst vorwiegend im Laubwald auf Baumstümpfen. Unter den übrigen Bewohnern von Baumstümpfen bildet er insofern eine Ausnahme, als er nicht büschelig, sondern einzeln wächst; höchstens wachsen 2 - 5 Exemplare nebeneinander.

Eßbar

Er ist auffallend groß, der Hut erreicht einen Durchmesser von 10 cm. Die Farbe des Hutes ist rotbraun, kastanienbraun, in der Mitte meist dunkler. Der Hut ist dünnfleischig, zunächst glockig, später flach, wellig verbogen, die Oberfläche glatt. Die Blätter sind frei, breit, dichtstehend und rötlich.

Der Stiel ist bis zu 10 cm lang und ca. 1 cm dick, dunkel genetzt oder faserig auf weißlich-grauem Grund.

Der Dachpilz erscheint schon im Mai und kann bis in den Herbst gesammelt werden. Er ist deshalb als Speisepilz nicht zu verachten.

Schwarzschneidiger Dachpilz
Pluteus atromarginatus (Konr./Kühn)

Abb. 48

Dem Rehbraunen Dachpilz sehr ähnlich, kaum von ihm zu unterscheiden und sehr veränderlich, ist der Schwarzschneidige Dachpilz. Der deutlichste Unterschied zum braunen Dachpilz liegt in den schwarzen Blattschneiden. Auch dieser Pilz ist eßbar.

Eßbar

Abb. 49 **Löwengelber Dachpilz**
Pluteus leoninus (Schff. ex Fr.) Kummer

Geringwertig

Ein auffallend schöner, aber auch seltener Dachpilz ist der Löwengelbe Dachpilz, der ebenfalls auf Baumstümpfen vorkommt. Als Speisepilz ist er uninteressant.

8.1.2.3. Familie Edelpilze

Champignonartige Pilze
Agaricaceae

Hinter dieser Familie verbergen sich folgende Gattungen:

Champignon oder Egerlinge	*(Agaricus)*
Zwergschirmlinge	*(Melanophyllum)*
Schmierschirmlinge	*(Chamaemyces)*
Mehlschirmlinge	*(Cystolepiota)*
Schirmlinge	*(Lepiota)*
Riesenschirmlinge	*(Macrolepiota)*
Egerlingsschirmlinge	*(Leucoagaricus)*
Faltenschirmlinge	*(Leucocoprinus)*
Körnchenschirmlinge	*(Cystoderma)*
Schuppenwulstling	*(Squamanita)*
Glimmerschüppling	*(Phaeolepiota)*

Zusammengefaßt: Es geht bei dieser Familie um Schirmlinge und Champignons.
Die Schirmlinge sind weit unterteilt. Bereits aufgrund der deutschen Gattungsnamen kann sich der erfahrene Pilzsucher eine Vorstellung von dem machen, was sich hinter den z.T. kleinen Gattungen verbirgt. Unter den kleineren Schirmlingen gibt es übrigens giftige Arten. Für den Pilzfreund sind von den Schirmlingen die Gattungen Lepiota und Macrolepiota am wichtigsten.

8.1.2.3.1. Schirmlinge
Gattungen: Lepiota und Macrolepiota

Wenn Sie sich Wulstlinge vorstellen, denen die Gesamthülle fehlt, die sonst aber alle anderen Merkmale noch besitzen, also eine verdickte Stielbasis, Ring (Manschette), weiße Sporen und freistehende Blätter, dann haben Sie einen Schirmling vor sich.
Die Manschette läßt sich oft am Stiel auf- und abbewegen. So hat ein ausgewachsener aufgeschirmter Parasolpilz eine verblüffende Ähnlichkeit mit einem Regenschirm. Die Hüte der meisten Schirmlinge sind schuppig, faserig; die vorherrschenden Farben

50 Junger, noch geschlossener Parasol (›Paukenschlegel‹)

51 Aufgeschirmter Parasol

sind Braun und Weiß. Gegenüber den Wulstlingen sind die Schirmlinge gut abgegrenzt, trotzdem ist die Nähe zu den Wulstlingen Grund genug zur Aufmerksamkeit.

Parasol
Macrolepiota procera (Scop. ex Fr.) Sing.

Abb. 50, 51

Eßbar und gut

Wollte man unter den Pilzen Rekorde verteilen, so müßte man dem Riesenschirmling oder Parasol den ›Höhenrekord‹ zusprechen. Der Stiel hebt den Hut bis zu einem halben Meter über den Boden. Ein dünner weicher Stiel könnte das nicht. Der Stiel des Parasols ist leicht konisch und geht unten in eine glatte Knolle über; er ist hohl und zäh-faserig, beinahe holzig. Bei der gewaltigen Streckung des Stieles reißt die äußere Schicht auf, so daß der ursprünglich braune Stiel wie genattert erscheint.
Der Hut wird bis zu 30 cm breit. Jung ist auch der Hut beinahe gleichmäßig glatt und braun; aber bald reißt die Oberfläche auf, so daß der Hut sparrig, schuppig erscheint. Die Schuppen sind bräunlich, darunter kommt das weiße Hutfleisch zum Vorschein.

52 Safranschirmlinge in einem Hexenring

Der Hut ist flach und nicht dick oder derb, sondern eher dünnfleischig. Ein noch geschlossener Parasol sieht wie ein Paukenschlegel aus, der Hut ist oval, der Hutrand am Stiel angewachsen. Beim Aufschirmen hinterbleibt am Stiel eine dicke bewegliche Manschette, bzw. Ring. Das Fleisch ist reinweiß. Die Blätter sind ebenfalls weiß, dichtstehend und frei.

Der Riesenschirmling wächst vom Spätsommer bis in den Herbst. Er bevorzugt lichte Waldstellen, Waldränder, Wiesen und Wege.

Junge Parasole sind gute Speisepilze. Die Stiele sind nicht genießbar, da sie zu holzig sind. Im Mischgemüse sollte man Parasole nicht verwenden. Besonders gut schmecken sie paniert und gebakken wie ein Schnitzel. Wenn Sie Ihren Gästen eine Bratpfanne von gut gebackenen oder gedünsteten Schirmlingen, die Sie mit gleichzeitig gefundenen Milchbrätlingen zusammen zubereitet haben, vorsetzen, werden Sie sicher damit Anklang finden.

Rötender Schirmpilz
Macrolepiota rhacodes (Vitt)Sing. (Safranschirmling)

Abb. 52

Eßbar

In dichten Nadelwäldern, aber auch im Mischwald, findet man in manchen Gegenden sehr häufig – sogar wesentlich öfter als den Parasol – den Doppelgänger des Parasols: den Safran-Schirmling. Die beiden Pilze sehen sich zum Verwechseln ähnlich.
Der Stiel des Safran-Schirmlings ist nicht genattert, sondern gleichmäßig weiß-rotbraun und etwas faserig. Der Hut ist ebenfalls schuppig aufgerissen. Insgesamt ist der Rötende Schirmpilz kleiner als der Parasol. Auch der bewegliche Ring am Stiel fehlt nicht. Die Blätter sind weiß und frei, auch das Hutfleisch ist weiß.
Der große Unterschied zum Parasol liegt darin, daß das Fleisch des Safran-Schirmpilzes in Hut und Stiel safranrot, orange oder gelb-rot anläuft. Bei alten Exemplaren erfolgt diese Verfärbung langsam und wird deshalb nicht immer wahrgenommen. Auch die Blätter zeigen bei Berührung eine langsame Verfärbung.
In Obstanlagen, besonders unter Apfelbäumen, werden häufig Hexenringe von Safran-Schirmlingen beobachtet. Dabei wachsen die Pilze in einer ringförmigen Anordnung rund um einen Baum. Der Ring kann einen Durchmesser bis zu 20 m haben, so daß auf einem Ring 100 und mehr Exemplare gefunden werden. Nebenstehende Abbildung zeigt einen Ausschnitt aus einem solchen Hexenring von Safranschirmlingen.
Der Safranschirmling ist wie der Parasol ein guter Speisepilz. Ältere Exemplare sind nicht wohlschmeckend, sondern zäh und fade. Auch die Stiele sind ungenießbar. Für die Zubereitung gilt das gleiche wie für den Parasol.

Ackerschirmling
Macrolepiota excoriata (Schff. ex Fr.)

Eßbar

Der Ackerschirmling sieht dem Parasol und dem Safran-Schirmling ähnlich und soll deshalb erwähnt werden. Man erkennt in ihm sofort einen Riesenschirmling, gleichwohl wird dieser Pilz nur mittelgroß. Der Hut ist hellbraun, in Schuppen aufgerissen, wirkt aber glatter als die oben erwähnten Schirmlinge. Der Stiel ist weiß und trägt einen Ring. Die Blätter und das Fleisch sind ebenfalls weiß. Anfänger können ihn mit einem Champignon verwechseln. Er wächst auf Äckern und Wiesen, also außerhalb des Waldes und ist relativ häufig. Man findet ihn schon im Spätsommer. Der junge Pilz ist eßbar.

53 Spitzschuppiger Schirmling

Abb. 53

Spitzschuppiger Schirmling
Lepiota acutesquamosa (Weinm.) Kummer

Gattung Schirmlinge

Ungenießbar

Man erkennt sofort den Schirmling, weiße Blätter vom Stiel entfernt angewachsen, also frei, Teilhülle (schleierähnlich), die als Manschette zurückbleibt, etwas verdicktes unteres Stielende. Der Stiel ist hellbräunlich, bis 10 cm lang und ca. 1,5 cm dick. Die Stielbasis zeigt rotbraune Schuppen. Der Hut ist kegelig, glockig und schließlich flach und konzentrisch mit auffallenden Schuppen bedeckt. Diese Schuppen stammen nicht von einer Gesamthülle. Die Farbe des Hutes ist hell-rotbräunlich. Der Hut ist groß und derbfleischig.

Der Spitzschuppige Schirmpilz wächst im Herbst, meist in dichtem Wald und ist stellenweise selten. Er schmeckt unangenehm, ist giftverdächtig und deshalb ungenießbar.

Abb. 54

Zinnoberroter Körnchenschirmling
Cystoderma cinnabarinum (A. et S. ex Secr.) Fay

Gattung Körnchenschirmlinge

Der Zinnoberrote Körnchenschirmling ist ein besonders schöner und auffallender Pilz. Sein zinnoberroter Hut trägt kleine Schüppchen. Der Stiel ist ähnlich gefärbt. Die Blätter sind weißlich. Er ist eßbar.

54 Zinnoberroter Körnchenschirmling

Gattung Champignon — Egerling **8.1.2.3.2.**
Agaricus

Beim Suchen von Champignons entstehen die verhängnisvollsten Irrtümer, wenn man sich über diese Gattung nicht im klaren ist.
Daß es den Wiesenchampignon gibt, wissen die meisten Pilzsucher, auch der Waldchampignon ist bekannt. Daß es aber daneben noch ca. 60 andere Arten gibt, die zu den Champignons zählen, ist weithin unbekannt. Die Unterscheidung der einzelnen Arten bereitet selbst dem Pilzberater Schwierigkeiten.
Leicht allerdings ist es, die Champignons von anderen Blätterpilzen zu unterscheiden, d.h., die Zuordnung zu dieser Gattung ist ohne Schwierigkeiten möglich.
Genau wie die Schirmlinge zeigen auch die Champignons Beziehungen zu den Wulstlingen: oft, wenn auch nicht ausgeprägt, eine verdickte Stielbasis, immer eine Teilhülle, die als Manschette zurückbleibt und freistehende Blätter. Der große Unterschied zu den Wulstlingen und Schirmlingen liegt in der Sporenfarbe. Die Sporen sind schokoladenbraun, deshalb sind auch die Blätter reifer Pilze braun gefärbt. Im jugendlichen Zustand, wenn die Sporen noch nicht reif sind, ist die Farbe lachsrot oder grau-rötlich. Oft kann man bei noch geschlossenen Exemplaren die spätere Farbe der Blätter nur ahnen. Im Zweifelsfall sollte man als Anfänger auf junge Champignons verzichten. Hier können Verwechslungen, z.B. mit dem Knollenblätterpilz, vorkommen.
Weiterhin ist für die Champignons der meist weiße, faserige glattglänzende, aber auch matt-schuppige Hut kennzeichnend. Darüber

hinaus zeigen viele Champignon-Arten eine leichte Gelbfärbung bei Verletzungen. Die gleichen Arten haben einen auffallenden Geruch nach Anis und im Falle des Giftchampignons nach Karbol. Champignons, die sich bei Berührung oder Verletzung nicht gelb verfärben oder gilben, sind meist auch geruchlos und zeigen im Fleisch rötliche Zonen oder laufen hellrot an.

Abb. 55, 56

Wiesenchampignon — Feldegerling
Agaricus campester (L.) Fr.

Eßbar und gut

Neben dem Steinpilz und dem Pfifferling ist der Wiesenchampignon der populärste Pilz. Gott sei Dank sind die meisten Pilze, mit denen er verwechselt werden kann, andere auch eßbare Champignonarten. In Form und Größe ist er sehr veränderlich und stellt auch den erfahrenen Pilzkenner immer wieder vor Rätsel. Nicht immer gelingt es, den Wiesenchampignon eindeutig gegen andere Champignonarten abzugrenzen. Dies soll aber den Pilzfreund nicht erschrecken. Als Champignon ist er in jedem Fall zu erkennen; auch vom Giftchampignon läßt er sich ohne weiteres unterscheiden.

Der Hut ist weiß, manchmal – besonders bei alten Exemplaren – mit einem Stich ins Braune, seidig, ganz leicht geschuppt oder faserig. Der Hut kann bis zu 20 cm breit werden, in der Regel aber wird er nur 10 - 12 cm breit. Die Huthaut ist dick und kann abgezogen werden. Die Blätter stehen dicht, frei und sind beim jungen Pilz auffallend schön rosa. Später werden die Blätter schokoladenbraun.

Der junge Pilz hat eine charakteristische kugelige Gestalt. Der ausgewachsene Pilz ist flach. Der Stiel ist ebenfalls weiß und hat eine vergängliche dünne Manschette. Er ist relativ kurz, bis zu 6 cm lang und auffallend dick, bis zu 2 und mehr cm.

Das Fleisch ist weiß und zeigt manchmal – nicht immer – eine leichte Rosafärbung.

Der Wiesenchampignon erscheint schon im Frühsommer, hauptsächlich aber im Herbst. Er bevorzugt Wiesen, grasige Stellen im Wald, Waldränder und wird selten im Wald gefunden. Sogar in Städten wird er häufig angetroffen. Er ist ein häufiger Pilz, der meist in Hexenringen wächst. An einer Fundstelle können oft 20 und mehr Exemplare geerntet werden. Er ist standorttreu. Es lohnt sich, sich die Plätze zu merken, wo er einmal erschienen ist.

Auf die Verwechselungsgefahr mit Wulstlingen wurde schon hingewiesen. Am gleichen Standort wachsen unter Umständen auch giftige weiße Trichterlinge, wie z.B. der weiße Rasengifttrichterling *(Clitocybe dealbata)*. Deren Blätter sind aber weiß und lau-

55 Wiesenchampignon

56 Wiesenchampignon. Die Lamellen des reifen Pilzes sind tabakbraun.

fen am Stiel herab. Wer Wiesenchampignons sucht, sollte den Giftchampignon kennen.
Der Wiesenchampignon ist ein guter Speisepilz. Allerdings wird sein Wohlgeschmack übertrieben. Wie der vielgekaufte Zuchtchampignon schmeckt er etwas fad.

Schafegerling
Agaricus arvensis (Schff. ex Fr.)

Abb. 57

Wohlschmeckend

Vorsicht erhöhter Cadmiumgehalt

Er gehört zu den gilbenden Champignonarten, die außerdem nach Anis riechen, deshalb auch der Name weißer Anischampignon.
Der Hut ist weiß, leicht gelblich gefärbt, faserig-glatt-seidig; die Huthaut ist dick. Jung hat der Pilzhut eine kugelige Gestalt, später wird der Hut glockig bis flach. Er erreicht Durchmesser von 15 cm. Der Hut ist mit einer doppelschichtigen Haut verschlossen, die als dicker Ring, der leicht flockig zerfällt, am Stiel zurückbleibt. Die Blätter sind anfangs blaßrot-grau, später dunkelbraun. Die Blätter reichen nicht bis an den Stiel. Der Stiel ist kräftig, bis zu 10 cm und mehr hoch und bis zu 4 cm dick, unten etwas verdickt; die Farbe des Stiels ist weiß, gelb-fleckig. Auf Druck verfärbt sich der Stiel und der Hut gelb. Diese Gelbfärbung ist aber bei weitem nicht so ausgeprägt wie beim Giftchampignon.
Auffallend ist der Geruch nach Anis, der besonders nach dem Verreiben einer Probe zwischen den Handflächen wahrgenommen wird. Dabei haben Zigarettenraucher meist Pech, da sie nur Tabak riechen. Das Fleisch ist weiß, manchmal hellgelb.

57 Schafegerling

Der Schafegerling erscheint schon im Frühling, meist Ende Mai. Im heißen Hochsommer verschwindet er, um erst wieder im September, dann aber oft in großen Mengen, zu erscheinen.
Er wächst praktisch nur außerhalb des Waldes, an Waldrändern oder auf Lichtungen.
Der Schafegerling ist ein hochwertiger Speisepilz von angenehmen Geschmack. Er ist höher einzuschätzen als der Wiesenchampignon. Er läßt sich gut trocknen und eignet sich für viele verschiedene Zubereitungen. Seit neuestem weiß man aber, daß er zu den Pilzen gehört, die einen erhöhten Gehalt an Cadmium aufweisen. Deshalb muß seine Genießbarkeit eingeschränkt werden. Man sollte nur wenige dieser Pilze essen, und dies nicht zu oft.

Abb. 58, 59

Dünnfleischiger Anischampignon
Agaricus silvicola (Vitt.) Sacc.

Wohlschmeckend

Vorsicht erhöhter Cadmiumgehalt

Der dickfleischige Anischampignon ist der Schafegerling. Ob sein dünnfleischiger Artgenosse eine eigene Art oder nur eine Unterart ist, war umstritten; er wird heute als eigene Art geführt.
Hat man früher nur wenige Champignonarten unterschieden, so zählt man heute ca. 60 Arten zu dieser Gattung, einfach deshalb, weil immer mehr Varietäten als eigene Art erkannt werden.
Der Dünnfleischige Anischampignon kann beinahe genauso beschrieben werden wie der Schafchampignon. Der Stiel ist schlanker und der Hut nicht so derbfleischig wie bei dem vorgenannten.

58 Dünnfleischiger Anischampignon

59 Dünnfleischiger Anischampignon (man beachte die braune Farbe der Blätter – Unterschied zu Knollenblätterpilz)

Die Gelbfärbung und der Anisgeruch sind auch für *Agaricus silvicola* typisch, ebenso die Manschette und die Farbe der Blätter.

Der Dünnfleischige Anischampignon wird im Wald, besonders unter Fichten, aber auch im Laubwald gefunden, er ist wohlschmekkend. Aufgrund seines häufig besonders hohen Cadmiumgehaltes sollte man ihn nicht wiederholt und nur in kleinen Mengen essen.

Weißer Giftchampignon *Abb. 60–62*

Agaricus xanthoderma Gen.

Schwach giftig

Man muß ihn in der Hand gehalten haben, um ihn zu kennen. Er sieht dem Wiesenchampignon und dem Schafchampignon zum Verwechseln ähnlich. Wenn man den Giftchampignon zusammen mit anderen Champignonarten vor sich hat, kann man die Unterschiede sehen. Fehlt aber diese Vergleichsmöglichkeit, dann wird es kritisch.

Man muß zunächst die Nase zu Hilfe nehmen. Die Geruchsprobe ist ohnehin bei den Champignons wichtig. Der Giftchampignon

60 Hut an Hut brechen hier junge Giftchampignons aus dem Boden.

ist nicht nahezu geruchslos wie der Wiesenchampignon oder der Waldchampignon, er riecht auch nicht angenehm nach Anis, sondern auffallend nach Karbol; unter Karbol versteht man Phenol, das früher häufig zum Desinfizieren verwendet wurde. Für den Laien, der nicht weiß, wie Phenole riechen, mag der Hinweis dienen, daß der Geruch an Arznei, an Apotheke erinnert. In manchen Büchern liest man, er würde nach Tinte riechen, das stimmt nur insoweit, als damit Eisengallustinte gemeint ist; auch diese enthält einen phenolischen Bestandteil.

61 Beim Zerdrücken des Hutrandes oder des Stieles zeigt der Giftchampignon eine intensive Gelbfärbung.

62 Ausgewachsene Weiße Giftchampignon

Wenn der Geruch nicht gleich wahrgenommen wird, zerreiben Sie ein Stück des Pilzes zwischen den Handflächen, und riechen Sie dann an Ihren Händen. Dabei wird Ihnen die zweite Eigenart des Giftchampignons sofort auffallen. Das Fleisch, besonders an der Stielbasis, verfärbt sich augenblicklich hellgelb. Die gelbe Farbe vergeht wieder nach einiger Zeit; erneutes Reiben am Stiel bringt die Farbe wieder hervor.

Der Hut des Weißen Giftchampignons ist weiß, matt glänzend, feinfaserig, glockig bis flach und wird bis zu 10 cm groß. Die Lamellen sind anfangs rosa, schließlich schokoladenbraun. Die rosa Farbe ist nicht so intensiv wie beim Wiesenchampignon. Die Blätter sind frei und stehen weniger dicht als beim Wiesenchampignon. Der Stiel ist weiß, hat eine knollig verdickte Basis und trägt einen Ring.

In manchen Jahren wird er nur wenig gefunden, in anderen Jahren wieder tritt er massenweise auf. Er bevorzugt Wiesen, Wegränder, Obstanlagen und Parkanlagen; seltener findet man ihn auf lichten Stellen im Wald. Er wächst gruppenweise und ist nicht auf kalkhaltige Böden beschränkt.

Im Landkreis Ludwigshafen wurden 1977 an einer Pappelallee – unter den Pappeln auf einem Grasstreifen –, aber auch auf nacktem Sandboden, mehrere hundert Exemplare des Weißen Giftchampignons beobachtet. Einzelne Gruppen von 20 und mehr Exemplaren, die Hut an Hut aus dem Boden brachen, standen in Abständen von wenigen Metern entlang der ganzen Allee. Da am gleichen Ort oft Wiesenchampignons wachsen, wurden die Giftpilze recht eifrig gesammelt. Erst ein Hinweis in der Zeitung hat viele Pilzsammler auf den zweifelhaften Charakter der Pilze auf-

63 Breitschuppiger Waldchampignon

merksam gemacht. Ähnliche massenhafte Vorkommen wurden 1976 und '77 in der Umgebung von Esslingen, Göppingen und Kirchheim beobachtet, und wahrscheinlich nicht nur dort.
Zum Glück ist der Pilz nicht sehr giftig. Er kann schwere Verdauungsstörungen hervorrufen. Manche Menschen können ihn offensichtlich auch ohne Schaden vertragen. Beim Kochen entströmt dem Topf ein unangenehmer intensiver Karbolgeruch. Die Brühe verfärbt sich intensiv gelb. Wer einen Giftchampignon übersehen hat, kann spätestens jetzt noch eingreifen.
Es gibt auch eine dunkelschuppige Abart des Giftchampignons, die aber die gleichen Eigenschaften zeigt wie die beschriebene Art.

Abb. 63 **Breitschuppiger Waldchampignon**
Agaricus lanipes (Möll. et Schff.) Sing.

Eßbar und gut

Dieser Champignon weicht von den bisher beschriebenen *Agaricus*-Arten deutlich ab. Der Hut ist nicht weiß, sondern braun und auch nicht glatt, sondern breitschuppig. Das Fleisch riecht nicht nach Anis, gilbt auch nicht, sondern wird beim Verletzen hellrot.
Der Pilz ist mittelgroß. Er wächst im Herbst unter Fichten und bevorzugt kalkreichen Boden. In der Nadelstreu des Fichtenwaldes wird er gerne übersehen, zumal oft nur der Hut aus den Nadeln herausragt. Der schuppige, flache, bis zu 8 cm breite Hut ist braun bis dunkelbraun gefärbt. Der Stiel ist weiß-hellbräunlich, etwas filzig, trägt eine deutliche riefige Manschette und hat eine Knolle.

Der Pilz ist standorttreu. Man findet ihn praktisch ausschließlich unter Fichten, oft in jungen dichten Fichtenbeständen. Er tritt häufig in Gruppen auf und wächst fast nie allein. Es lohnt sich, ihn zu sammeln. Er ist eßbar und gut.

Neben dem *Agaricus lanipes* gibt es noch mehrere ähnliche Arten. Zu erwähnen ist der Echte Waldchampignon *(Agaricus silvaticus)*, der kleiner ist, feingeschuppt, von hellerer Farbe und ebenfalls eßbar.

Der Große Waldchampignon *(Agaricus haemorrhoidarius)* fällt durch seine Größe auf, ist selten und ebenfalls ein Speisepilz.

Familie Rötelpilze
Entolomataceae = Rhodophyllaceae **8.1.2.4.**

Die Rötelpilze zeigen eine gewisse Ähnlichkeit mit den Dachpilzen. Wie diese, haben auch die Rötlinge rosa gefärbte Sporen, so daß die Blätter reifer Pilze hellrot erscheinen.
Während aber die Dachpilze echte Freiblättler sind, also zwischen Stiel und Blättern einen Zwischenraum aufweisen, reichen bei den Rötlingen die Blätter meist bis an den Stiel heran. Die Sporen unterscheiden sich ebenfalls von denen anderer Pilze durch ihre eckigen Formen. Die Familie der Rötelpilze kann man weiter in folgende Gattungen unterteilen:

- *Rhodocybe* — Bitterlinge
  kleine bis mittelgroße Pilze mit bräunlichen Farben (wenig umfangreiche Gattung)
- *Clitopilus* — Schiefhüte
  zu dieser Gattung zählen der bekannte Mehlräsling, ein kleiner trichterlingsähnlicher Pilz mit flachem weißem Hut und rosa Lamellen *(Clitopilus prunulus)*, und andere ähnliche Pilze mit oft exzentrischem oder fehlendem Stiel!
- *Entoloma*
  (= Rhodophyllus Quel.) Rötlinge, Nabelinge, Glöcklinge, Zärtlinge.

Der bisherige Name ›*Rhodophyllus*‹ wird von vielen Mykologen als nicht zweckmäßig betrachtet.
Glöcklinge sind glockig, ähnlich den Helmlingen. Sie sind klein und schlank und haben rötliche Blätter.
Zärtlinge und Nabelinge sind zart, klein und zerbrechlich.

Die eigentlichen Rötlinge, *Entoloma,* sind zum Teil große kräftige Pilze. Unter ihnen gibt es sehr giftige Arten.
Die Gattung *Entoloma* ist sehr umfangreich, es zählen ca. 140 Arten dazu.

Abb. 64 **Riesenrötling**
Rhodophyllus sinatus (Bull. et Fr.) Kummer
(Entoloma sinatum)

Gattung Rötlinge

Giftig

Beim Studium von Pilzbüchern liest man nur zu gerne über bestimmte Pilze hinweg, weil man sie noch nie gesehen hat oder weil sie so selten sind; man nimmt sich vor, sie zu meiden, da man fürchtet, sie nicht zu erkennen. Und dann steht man plötzlich doch vor dem Riesenrötling, da er einfach auf Grund seiner Größe unsere Aufmerksamkeit erzwingt.
Wer ihn zum erstenmal trifft, hält ihn im ersten Moment vielleicht für einen Champignon; die äußere Form, die rosa Blätter könnten daran erinnern. Aber er ist völlig nackt, trägt keinen Ring und hat auch keine Knolle.
Der zunächst halbkugelige Hut wird später flach gewölbt, bis zu 15 cm breit und hat einen lang eingerollten bzw. eingebogenen Hutrand, der später wellig verbogen ist. Die Farbe des Hutes ist weiß-gelblich, auch leicht hellbraun. Die Hutoberfläche ist seidig glänzend, die Huthaut abziehbar.
Das Fleisch ist weiß und riecht deutlich nach Mehl (wichtig!!). Die Blätter sind sehr breit, zunächst hellgelb, später rosa, am Stiel angewachsen, etwas ausgebuchtet. Der Stiel wird 10 cm hoch, sehr dick (bis zu 3 cm), ist weiß gefärbt, faserig, am oberen Teil bereift.
Verhängnisvoll ist die Verwechslung mit der Nebelkappe. Dieser sieht er besonders im jugendlichen Stadium sehr ähnlich. Aber die Nebelkappe ist ein Trichterling mit herablaufenden Blättern, beim Riesenrötling enden die Blätter am Stiel. Schließlich erkennt man beim genauen Hinsehen eben doch den rötlichen Schimmer in den Blättern, der die Familie bzw. Gattung verrät.
Dem Riesenrötling sehr ähnlich sind der Schildrötling *(Rhodophyllus clypeatus),* der Niedergedrückte Rötling *(Rhodophyllus rhodopolius)* und der Alkalische Rötling *(Rhodophyllus nidorosus).*
Der Riesenrötling wächst vom Frühsommer bis in den Herbst. Er bevorzugt schwere Böden und ist in manchen Gegenden selten. Man findet ihn vorzugsweise im Laubwald, aber auch an Waldrändern und auf Waldwiesen.
Der Pilz ist giftig. Die Vergiftungserscheinungen stellen sich bereits nach 15 Minuten ein. Übelkeit, Schwächeanfälle, Erbrechen, Durchfall und starkes Schwitzen sind die Folgen des Genusses von Giftrötlingen. Die Vergiftung ist in der Regel nicht lebensgefähr-

64 Riesenrötling

lich. Trotzdem muß der Riesenrötling zu den gefährlichen Giftpilzen gerechnet werden. Kleinkinder und kranke Personen sind durch diesen Pilz mehr gefährdet als andere Menschen. Dies gilt generell bei Vergiftungen. Man sollte deshalb Kleinkinder nicht übermäßig mit Pilzen füttern, zumal Pilze schwer zu verdauen sind.

Familie Ritterlingsartige Pilze 8.1.2.5.

Tricholomataceae

Zu dieser Großfamilie zählen Pilze mit meist weißen Sporen, ohne Teil- und Gesamthülle und ohne auffällig verdickte Stielbasis. Die Blätter sind deshalb in der Regel weiß oder nur leicht verfärbt. Stiel und Hut sind wegen des Fehlens jeglicher Hülle oder Schleier ›nackt‹. Der Stiel geht nahtlos in das Hutfleisch über. Die Blätter reichen bis knapp an den Stiel heran und laufen mit einem Zähnchen am Stiel herab, so daß ein ›Graben‹ entsteht (Burggraben-Ritterling – nicht zu verwechseln mit den Freiblättlern).
Die Familie der Ritterlingsartigen wird in viele Gattungen unterteilt. Im folgenden wird versucht, eine Übersicht über die wichtigsten Gattungen zu geben:

Ritterlinge *(Tricholoma)*	typische und eigentliche Ritterlinge
Holzritterlinge *(Tricholomopsis)*	Ritterlinge, die auf Holz wachsen
Schönköpfe *(Calocybe)*	schön gefärbte Ritterlinge mit fleischigen Hüten

Graublättler *(Lyophyllum)*	büschelig wachsende Ritterlinge mit meist grauen Blättern
Weichritterlinge *(Melanoleuca)*	Ritterlinge mit braunen, oft feuchten Hüten und dichtstehenden Blättern
Rötelritterlinge *(Lepista)*	leicht rötlicher Sporenstaub, ähnlich den Schönköpfen
Trichterlinge *(Clitocybe)*	Blätter laufen am Stiel herab
Lacktrichterlinge *(Laccaria)*	knorpelige Stiele, dicke Blätter, Hut und Stiel einfarbig gefärbt
Schleimrüblinge *(Oudemansiella)*	auf Holz, Stiel knorpelig, Hut schleimig
Rüblinge *(Collybia)*	Stiel schlank, knorpelig, Hut dünn
Schwindlinge *(Marasmius)*	zähe Pilze, ähnlich Rüblingen, schrumpfen bei trockenem Wetter und leben bei feuchtem Wetter wieder auf
Helmlinge *(Mycena)*	kleine Pilze, Hut dünnfleischig bis häutig, kegelig-glockig, oft gesellig
Glöckchennabelinge *(Xeromphalina)*	klein, zäh, ähnlich den Schwindlingen, aber genabelt
Nabelinge *(Omphalina)*	sehr kleine, häutige Pilzchen
Nagelschwämme *(Strobilurus)*	kleine, auf Fichten- oder Kiefernzapfen wachsende Pilze.

Die Ritterlingsartigen Pilze sind normalerweise gut zu erkennen. Wichtig für die Erkennung ist unter Umständen die Sporenfarbe. Der Unerfahrene könnte eventuell Rötlinge, Dachpilze, aber auch Rißpilze, Fälblinge und andere für Ritterlinge ansehen. Es ist nicht schwer, die Sporenfarbe ohne Hilfsmittel zu bestimmen. Siehe dazu das spezielle Kapitel.
Die Aufführung der Gattungen ist nicht vollständig. Insgesamt zählt diese Familie 98 Gattungen (Moser), einige Gattungen sind allerdings sehr klein. *Hohenbuhelia* (Muschelseitlinge) und *Panellus* (Zwergknäuelinge) gehören, streng genommen, hierher und nicht zu den Zählingen, wo man sie in einem künstlichen System suchen oder vermuten könnte.

65 Mausgrauer Erdritterling

Mausgrauer Erdritterling
Tricholoma terreum (Schff. ex Fr.) Kummer

Abb. 65

Gattung Ritterlinge

Eßbar

Der Name ist treffend. Der Pilz sitzt meist ganz dicht am Boden, so daß man von oben nur den feinfilzigen, leicht schuppigen, wirklich mausgrauen Hut sieht. Erst wenn man ihn vom Boden nimmt, erkennt man auch die grauen Blätter. Wegen dieser grauen Blätter heißt der Pilz auch Graublättriger Erdritterling. Grau ist schließlich auch das Fleisch. Insgesamt macht der Pilz einen eher dünnfleischigen, mittelgroßen Eindruck.
Der Hut ist flach, bis 6 cm breit, jung feinfilzig, später etwas faserig, schuppig, mausgrau bis graubraun. Die grauen Blätter sind jung etwas heller; sie sind oft gekerbt, engstehend und ausgebuchtet. Der Stiel ist weiß bis grau, etwas faserig oder flockig, ca. 1 cm dick und bis 6 cm hoch.
Das Fleisch riecht nicht nach Mehl, aber nach frischer Erde. Der Mausgraue Erdritterling ist eßbar und kann als Mischpilz verwendet werden. Er wächst im Herbst sowohl in Laub- als auch in Nadelwäldern, an Waldrändern, einzeln, oft truppweise, er ist kalkliebend und wächst daher gerne an geschotterten Waldwegen.
Auf die Verwechslungsgefahr mit dem Tigerritterling muß ausdrücklich hingewiesen werden. Verwechselungen mit anderen Ritterlingen, außer dem Tigerritterling, sind ungefährlich.

66 Tigerritterling

Abb. 66

Tigerritterling
Tricholoma pardinum (Quel.)

Gattung Ritterlinge

Sehr giftig!

Dieser Pilz zählt zu den gefährlichen Giftpilzen. Bereits 20 Minuten nach dem Genuß auch nur eines Stückchens Tigerritterling treten die ersten Beschwerden auf: Übelkeit, heftige Leibschmerzen, Schwächeanfälle, Erbrechen und Durchfall. Erst nach zwei Tagen klingt die Krankheit ab. Es ist unbedingt ein Arzt zu Rate zu ziehen, da der Allgemeinzustand so geschwächt werden kann, daß für ohnehin schwache oder kranke Personen bedrohliche Situationen entstehen können. Im allgemeinen verläuft die Vergiftung durch den Tigerritterling ohne ernsthafte Folgen, aber immerhin, es ist schlimm genug, was er anrichtet.

Der Tigerritterling gehört zu einer Gruppe von Ritterlingen, die einige gemeinsame Eigenschaften haben und sich deshalb sehr ähneln. Die Hüte dieser Pilze sind vorwiegend grau, schuppig oder faserig, die Blätter sind weiß-grau, und das Fleisch riecht nach Mehl. In der anschließenden Tabelle werden diese grauen Ritterlinge miteinander verglichen.

Von den genannten Ritterlingen ist der Tigerritterling der größte und stattlichste Pilz. Der faser-schuppige Hut wird bis zu 12 cm breit. Der Stiel ist derb, bis 3 cm dick und bis zu 7 cm hoch. Der Hut ist halbkugelig, später flach, der Rand oft eingerollt, die Oberfläche grau, grau-silbrig bis braungrau.

Der Stiel ist weiß, leicht faserig oder besser gesagt flockig. Ein Kennzeichen, an dem man den Tigerritterling gut erkennt, sind die Wasserperlen an der Stielspitze, die dort regelmäßig zu finden sind.

Übersicht über die grauen Ritterlinge

Art	**Hut**	**Mehlgeruch**	**Besonderes Kennzeichen**
Tigerritterling *(Tr. pardinum)*	derb, grau-braun, faser-schuppig	+	Tröpfchen am oberen Stielende
Brennender Ritterling *(Tr. virgatum)*	spitzkegelig, grau	–	brennender Geschmack
Mausgrauer Erdritter-ling *(Tr. terreum)*	dunkelgrau, filzig	– nach Erde riechend	–
Gilbender Erdritterling *(Tr. scalpturatum)*	faserig, schup-pig, grau	+	Blätter gilbend

An alten, trockenen Exemplaren könnten diese Perlen allerdings fehlen.
Die Blätter sind gelblich, schmutzig-grau, breit und dick, stehen dicht und sind hinten ausgebuchtet, die Blattschneide zeigt häufig Tränen.
Das Fleisch ist weiß, unter der Huthaut grau und riecht stark mehlartig.
Der Pilz kann verwechselt werden mit dem ungenießbaren Brennenden Ritterling, dem Gilbenden Erdritterling, dem Mausgrauen Erdritterling, eventuell sogar mit dem Schwarzfaserigen Ritterling.
Mit anderen Worten, wer Ritterlinge sammelt, sollte den Tigerritterling kennen; wer den Tigerritterling nicht kennt, sollte wenigstens um die grauen Ritterlinge wissen und diese meiden oder, noch besser, studieren.
Zum Glück ist der Tigerritterling nicht besonders häufig. In vielen Gegenden, insbesondere in Norddeutschland, fehlt er praktisch ganz. Er bevorzugt kalkreiche Gegenden und ist damit um und auf der Schwäbischen Alb häufiger anzutreffen. Er wächst sowohl in Laub- als auch in Nadelwäldern, und zwar im Herbst.

Grünling — Echter- oder Speiseritterling

Tricholoma flavovirens (Pers. ex Fr.) Lund et Nannf.

Abb. 67

Wohlschmeckend

Der Grünling ist der König der Ritterlinge. Er ist außerordentlich wohlschmeckend, hat festes Fleisch, riecht schwach nach Mehl und

Gattung Ritterlinge

schmeckt angenehm. Er wird auch echter Ritterling genannt. Der Grünling war schon im Mittelalter als Speisepilz bekannt.

Wie der Name schon sagt, ist Grün die vorherrschende Farbe bei diesem Pilz. Der bis zu 8 cm breite Hut hat eine klebrige abziehbare Haut. Die Farbe ist kein reines Grün, sondern eher Grüngrau. Der Hut ist flach bis leicht gebuckelt und macht einen dickfleischigen derben Eindruck. Die Blätter sind auffallend gelb gefärbt, seltener blaß, sie stehen dicht und sind deutlich ausgebuchtet.

Der Stiel ist ebenfalls gelb, leicht faserig-schuppig, bis zu 5 cm lang, dick, derb, bis zu 2 cm im Durchmesser. Das Fleisch ist blaß, hellgelb, beinahe weiß.

Der Grünling kann mit dem Schwefelritterling verwechselt werden. Dieser ist dünnfleischiger und zierlicher als der Grünling und in allen Teilen schwefelgelb. Während der Grünling nach Mehl riecht, stinkt der Schwefelritterling widerlich nach Leuchtgas (›Karbidgeruch‹). Der Schwefelritterling ist ungenießbar.

Der Grünling bevorzugt Sandböden und kommt nur in Nadelwäldern vor. Er kommt nur zögernd aus der Erde. Der Hut ist fast immer mit Sand und Nadeln bedeckt. Oft bleibt er halb im Sandboden stecken und kommt nicht richtig unter den Nadeln hervor; man muß einen Blick für diesen Pilz haben. Besonders häufig ist er in den Kiefernwäldern der Norddeutschen Tiefebene, in Süddeutschland ist er seltener. In manchen Gegenden fehlt er fast ganz. Im Raum Stuttgart kommt er zwar vor, wird aber nur von einigen Spezialisten erfolgreich gesucht. Mehr Aussicht auf Erfolg bieten der Schwarzwald und der Pfälzerwald.

Vor der Zubereitung ist der Grünling gut zu waschen, da viel Erde an ihm haftet. Am besten zieht man die Huthaut ab. Die Hauptwachstumszeit des Grünlings ist der Herbst, er wird bis in den November hinein gefunden.

Seifenritterling

Tricholoma saponaceum (Fr.) Kummer

Ungenießbar, leicht giftig!

Als formenvielfältiger Ritterling, der nicht besonders wohlschmekkend ist, sondern bei Genuß Unwohlsein und Erbrechen hervorruft, muß er beim Sammeln von Ritterlingen beachtet werden. Kleine Mengen des Pilzes sind harmlos.

Der Seifenritterling hat als sicheres Erkennungszeichen rötendes Fleisch und einen typischen Waschküchengeruch. Er ist mittelgroß, hat einen grünlich-bräunlichen Hut, blasse grüngelbliche Lamellen und einen hellen Stiel.

Er ist häufig und wächst in Laub- und Nadelwäldern (Herbst).

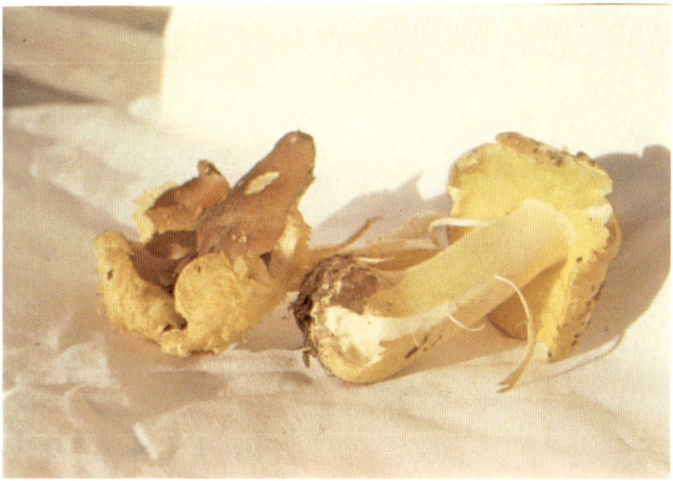

67 Grünling (Studioaufnahme; während der Farbton der Hutunterseite treffend wiedergegeben wird, beachte man für die weiteren Beurteilungskriterien nebenstehenden Text.)

Schwefelgelber Ritterling
Tricholoma sulphureum (Bull. ex Fr.) Kummer

Abb. 68

Gattung Ritterlinge

Giftig

Der Schwefelritterling oder Schwefelgelber Ritterling hat zwei Eigenschaften, an denen man ihn erkennt. Er riecht, oder besser gesagt, er stinkt nach Leuchtgas und ist in allen Teilen auffallend gelb, schwefelgelb, gefärbt. Der Hut wird bis zu 7 cm breit, ist schwefelgelb und fein geschuppt bis glatt, flach und dünnfleischig. Insge-

68 Schwefelgelber Ritterling

69 Rötlicher Holzritterling

samt ist dieser Pilz schmächtiger als der Grünling. Der Stiel ist ebenfalls gelb, faserig, schlank, bis zu 8 cm lang und dünn (0,5 - 1 cm). Auch das Fleisch und die Blätter sind gelb. Diese stehen sehr dicht, sind dick und ausgebuchtet.
Der Schwefelgelbe Ritterling wächst vorzugsweise im Laubwald, er ist ein Einzelgänger, aber durchaus nicht selten. Man kann ihn mit dem Grünling verwechseln.
Lassen Sie sich den Schwefelgelben Ritterling von Ihrem Pilzberater zeigen. Der Pilz ist ungenießbar und schwach giftig. Wegen seines widerlichen Geruches verbietet sich der Genuß von selbst.

Abb. 69 **Rötlicher Holzritterling**
Tricholomopsis rutilans (Schff. ex Fr.) Sing.

Gattung Holzritterlinge

Geringwertig

Die Holzritterlinge fallen durch mehrere Eigenheiten sofort ins Auge. Zunächst vermutet man auf Holz keine Ritterlinge. Aber der Rötliche Holzritterling ist ohne weiteres als solcher auszumachen, die Sporenfarbe ist weiß, und die Blätter sind am Stiel ausgebuchtet bzw. abgerundet.
Die Blätter sind schön goldgelb und fallen auf. Die Hutoberfläche ist feinfilzig und prächtig purpurrot bis beinahe violett. Auch der Stiel ist gelblich-rötlich, feinfilzig. Der Pilz ist mittelgroß bis groß, erreicht Durchmesser bis 15 cm und Höhen von 10 cm und mehr. Insgesamt macht der Pilz einen schönen Eindruck.
Der Rötliche Holzritterling wächst vom Juli bis November auf Nadelholzstümpfen, meist gesellig, und ist häufig.

Seltener findet man ihn auf dem Boden, wenn doch, dann auf einer abgestorbenen Wurzel.
Der Rötliche oder Purpurfilzige Holzritterling ist nicht giftig, aber auch nicht eßbar. Er hat einen unangenehmen Geschmack und kann bei empfindlichen Personen Erbrechen hervorrufen.
Er ist kein Speisepilz. In manchen Pilzbüchern wird er als durchaus eßbar bezeichnet. Da über den Geschmack und die Bekömmlichkeit eines Pilzes durchaus gestritten werden kann, mag jeder, der will, seine eigenen Versuche machen. Aber es gibt ja so viele andere Arten, daß man darauf eigentlich verzichten sollte.

Mairitterling — Maipilz, Mairasling

Abb. 70, 71

Calocybe gambosa (Fr.) Donk (= Tricholoma georgii)

Gattung Schönköpfe

Eßbar und gut

Der Maipilz erscheint schon oft in den letzten Apriltagen, daher auch der Name Georgsritterling; am 23.4. ist Georgstag. Er zählt zu den Schönköpfen *(Calocybe)* und wurde früher zu den Ritterlingen *(Tricholoma)* gerechnet.
Die wenigsten Pilzsucher kennen ihn. Er erscheint vor der eigentlichen Pilzsaison im Frühling, wenn noch kaum jemand an Pilze denkt.
Der Hut des Pilzes wird bis zu 10 cm und größer. Er ist jung halbkugelig, später flach, dickfleischig und beinahe derb. Die Farbe

70 Der Mairitterling bildet große Hexenringe

71 Mairitterling

kann mit weißgelblich – creme angegeben werden. Die Hutoberfläche ist glatt, trocken und etwas matt, der Hutrand lang eingerollt und manchmal verbogen.
Die Blätter stehen sehr gedrängt, sind weiß bis leicht gelblich und hinten ausgebuchtet. Der Stiel ist relativ kurz: 5 - 6 cm, und bis zu 2 cm dick, am Grunde etwas verdickt und in der Farbe wenig heller als der Hut.
Der Maipilz kann mit dem giftigen ziegelroten Rißpilz verwechselt werden, der aber zierlicher ist, langsam rötendes Fleisch hat und bräunliche Blätter. Vorsicht ist geboten vor sehr frühen Exemplaren des Riesenrötlings.
Der Maipilz ist ein guter und ergiebiger Speisepilz. Es lohnt sich, ihn zu sammeln. Er wächst außerhalb des Waldes, am Waldrand, *Abb. 70* auf Waldwegen, in dichtem Gras, unter hohen Brennesseln, kaum einzeln, immer in Gruppen oder Hexenkreisen. Er bevorzugt kalkhaltige Böden.

Abb. 72 **Büschelritterling – Knäuelritterling**
Lyophyllum aggregatum (Schff. ex Fr.) Kühn

Eßbar und gut

Da dieser Pilz bis in den Dezember hinein erscheint und knäuelig, d.h. büschelig wächst, nennt man ihn auch Frostrasling. Der Knäuelritterling fällt auf. Man ist gewohnt, büschelig wachsende Pilze nur auf Holz zu finden; außerdem sind Pilze, die in großen Gruppen einem Strunk entspringen, meist klein. Der Frostrasling aber kann bis zu 10 cm und breiter werden. Er hat, wie sich das

72 Büschelritterling

Gattung Graublättler

für einen anständigen Ritterling gehört, weiße Sporen und deshalb auch weiße, leicht graue Blätter. Die Blätter sind dünn, stehen dicht und laufen entweder am Stil herab oder sind leicht ausgebuchtet. Die Stiele sind weiß, zylindrisch und leicht faserig. Oft ist der Stiel nicht in der Hutmitte, sondern versetzt, exzentrisch, angewachsen. Mehrere Stiele sind an der Basis verwachsen.
Der Hut ist lappig verbogen, flach bis leicht gebuckelt. Die Hutoberfläche macht einen speckigen, wässrigen, glänzenden Eindruck. Die Hutfarbe ist Braun.
Er wächst im Laubwald, unter Hecken, aber auch auf Kompost, in Gärten und Parkanlagen.
Der Büschelritterling ist leicht als Knäuelritterling zu erkennen, er ist ein guter Speisepilz.
Es gibt aber viele Standortarten der Knäuelritterlinge, die teilweise als selbständige Arten beschrieben werden.

Der knorpelige **Knäuel-Rasling** *(Lyophyllum loricatum)* hat eine ausgesprochen knorpelige dicke Huthaut; die oberste Schicht des Hutes kann wie eine Speckschwarte abgezogen werden. Auch der Büschelritterling macht einen leicht knorpeligen Eindruck. Diese elastische, etwas zähe Konsistenz des Hutfleisches ist für die Knäuelritterlinge typisch. Der knorpelige Knäuel-Rasling ist von scharfem Geschmack, aber auch eßbar.

Der **Graue Knäuelrasling,** auch Erdsilberling genannt *(Lyophyllum aggregatum subsp. conglobatum)* ist leicht grau, wächst in sandigen Böden und ist ebenfalls ein gern gesammelter Speisepilz.

73 Rillstieliger Weichritterling

Zu erwähnen wäre noch der **Weiße Rasling** *(Lyophyllum connatum),* der ebenfalls eßbar und gut ist. Beim Sammeln des weißen Knäuelritterlings ist auf weiße Gifttrichterlinge zu achten.

Gattung Weichritterlinge

Melanoleuca

In den beiden Abbildungen oben werden zwei Vertreter dieser Gattung gezeigt. Sie sind gekennzeichnet durch dichtstehende dünne Blätter, weiches Fleisch, rüblingsähnlichen knorpeligen Stiel und dunkelbraune bis schwarzbraune Hutfarben. Sie wachsen das ganze Jahr hindurch und bevorzugen grasige Stellen, Wiesen, Wege, Abfallplätze usw.

Der Rillstielige Weichritterling

Abb. 73 *Melanoleuca grammopodia (Bull. ex Fr.) Pat.*

Geringwertig

ist mittelgroß, kann aber bis zu 20 cm im Durchmesser werden und hat einen grauen-graubraunen, glatten Hut. Der Hut ist flach bis leicht gewölbt und gebuckelt.

Die weißen Blätter werden später grau bis gelblich, sind dünn und dichtstehend. Der Stiel ist grau-grauweiß, faserig und deutlich gerieft, groß und stämmig, wird bis 10 cm hoch und 2 cm dick. Die Stielbasis ist leicht verdickt. Das Fleisch ist weiß bis weißgrau, bei Verletzung langsam dunkler verfärbend.

Der Geruch dieses Pilzes wird als dumpf bezeichnet und als unan-

74 Schwarzweißer Weichritterling

genehm empfunden. Der Pilz erscheint im Frühjahr bis in den Spätsommer. Wegen seines unangenehmen Geruchs kommt er als Speisepilz nicht in Frage.

Der schwarzweiße Weichritterling
Melanoleuca melaleuca (Pers. ex Fr.) Mre.

Abb. 74

zeichnet sich dadurch aus, daß sein Hut oft dunkelbraun-schwarz gefärbt ist. Bei Trockenheit erscheint die Hutfarbe heller. Die Blätter dieses Pilzes sind auffallend weiß. Der Stiel ist ebenfalls weißlich bis grau, hohl bis wattig ausgestopft. Dieser Weichritterling ist mittelgroß und wird bis zu 10 cm breit. Er ist eßbar und wird als Mischpilz verwertet.

Eßbar

Die Weichritterlinge zeigen einen großen Formenreichtum und sind oft schwer gegeneinander abzugrenzen. Es fällt zwar nicht besonders schwer, einen Weichritterling als solchen zu erkennen, aber die Bestimmung der Art ist nicht immer einfach.
Auch die Verwechslung mit großen Rüblingen ist möglich, wenn auch unbedenklich. Die Beziehung der Weichritterlinge zu den Rüblingen ist eventuell sogar enger als zu den Ritterlingen.

75 Violetter Rötelritterling

Abb. 75 **Violetter Rötelritterling**
Lepista nuda (Bull. ex Fr.) Cke.

Gattung Rötelritterlinge

Eßbar und gut

Der Violette Rötelritterling wird auch oft Nackter Ritterling genannt. Beide Namen zusammen beschreiben den Pilz sehr gut. Der Pilz ist in allen Teilen violett und damit auffallend gefärbt. Er ist ein ausgesprochen schöner Pilz.

Hut und Stiel sind glatt, ohne Schuppen, Ring oder Flocken, eben nackt.

Der Hut wird bis zu 10 cm breit, ist zunächst etwas gewölbt und später flach. Die violette Farbe wird bei älteren Exemplaren etwas bräunlich. Ganz alte Exemplare wirken in allen Teilen blaß. Der Hutrand ist anfangs umgeschlagen bis eingerollt.

Die Blätter sind mit Zähnchen angewachsen und ausgebuchtet, violett und dicht. Der Stiel ist bis zu 8 cm hoch, ca. 1 cm stark, violett und etwas faserig, nicht so schön glatt wie der Hut; der Stielfuß ist mit Mycel wattig bedeckt. Das Fleisch ist fest und ebenfalls violett gefärbt, allerdings heller als der Hut.

Der Nackte Ritterling wächst vorwiegend im Laubwald im tiefen Fallaub, an Waldrändern, aber auch im Mischwald. Meist erscheint er nicht einzeln, sondern in Gruppen oder Kreisen.

Sein Erscheinen kündet das nahe Ende der Pilzsaison an. Obwohl er auch im Sommer beobachtet wird, ist seine Zeit doch mehr Ende September bis Oktober. Nicht zuletzt deshalb wird er gerne gesammelt, da viele andere Speisepilze nicht mehr zu finden sind.
Der Violette Rötelritterling ist ein guter Speisepilz. Er ist häufig. Es lohnt sich, ihn zu sammeln. Allerdings haben die Rötelritterlinge einen auffallenden, beinahe etwas aufdringlichen Geruch. Wem dieser Geruch, der sich ja auch im Pilzgericht wiederfindet, zu streng ist, kann den Pilz vor der Zubereitung mit heißem Wasser überbrühen und die Brühe wegschütten.

Lilastieliger Rötelritterling
Lepista personata (Fr. ex Fr.) Cke.

Abb. 76

Gattung Rötelritterlinge

Eßbar

Wenn die Äpfel abgeerntet sind und der Herbst unangenehm naß und kalt wird, findet man auf Wiesen, besonders gern an Wiesenrändern in Waldnähe den Lilastieligen Rötelritterling. Er wächst oft in Gruppen oder Hexenringen.
Der Pilz sitzt tiefgeduckt im Gras mit einen kurzen und kräftigen, bis zu 3 cm dicken Stiel. Der Hut ist jung halbkugelförmig, später flach gewölbt und wird bis zu 15 cm breit. Der Hutrand ist beim jungen Pilz eingerollt. Der auffallend violett gefärbte, leicht faserige Stiel erinnert an den Violetten Rötelritterling. Der Hut ist von blaßer, creme oder gelbbräunlicher Farbe. Der Charakter der Hutoberfläche ist der gleiche wie beim Nackten Ritterling, so daß auch hier die Verwandtschaft deutlich wird, allerdings fehlen im

76 Lilastieliger Rötelritterling

Hut jegliche lila Farbtöne. Die Blätter sind weiß bis grau, stehen dicht und sind ausgebuchtet, das Fleisch ist weißlich. Der Pilz hat einen ähnlichen Geruch und Geschmack wie der Violette Rötelritterling. Er ist ein recht brauchbarer Speisepilz. Vielleicht ist es ratsam, ihn vor dem Zubereiten mit heißem Wasser abzubrühen, da der etwas intensive Geschmack nicht jedermann zusagt.
Bei Spaziergängen an schönen Spätsommer-Herbsttagen ist es eine angenehme Überraschung, auf den Lilastieligen Ritterling zu stoßen. Er erscheint noch, wenn die meisten anderen Pilze schon verschwunden sind. Verwechslungen sind nicht zu befürchten. Der lila Stiel, der helle Hut und die ausgebuchteten Blätter sowie das Fehlen eines Haarschleiers lassen den Ritterling deutlich erkennen.

Abb. 77 **Nebelgrauer Trichterling — Nebelkappe, Herbstblattl, Graukopf**
Clitocybe nebularis (B. ex Fr.) Quel.
= Lepista nebularis (Fr.) Harmaja

Gattung Rötelritterlinge

Bedingt eßbar

Der Nebelgraue Trichterling oder die Nebelkappe ist ein Pilz, über dessen Wohlgeschmack sich die Geister streiten. Auch über das Wohlbefinden haben nach dem Genuß verschiedene Leute verschiedene Ansichten. Giftig ist die Nebelkappe nicht, aber in ihrem Geschmack und der Verträglichkeit umstritten. Jeder muß mit diesem Pilz seine eigenen Erfahrungen sammeln. Ängstlich braucht man nicht zu sein. Von vielen Pilzfreunden wird die Nebelkappe als Speisepilz gesammelt; sie ist häufig, ergiebig und wächst noch in einer Zeit, in der die meisten anderen Pilze ihr Erscheinen eingestellt haben. Die Nebelkappe bevorzugt den Laubwald.
Der starke Geruch des Pilzes ist aufdringlich und nicht zu verwechseln. Vor der Zubereitung wirkt ein Abbrühen geruchsmildernd und ist deshalb zu empfehlen.
Die Nebelkappe wirkt wie ein Trichterling. Die gelblich-weißlichgrauen Blätter laufen kurz am Stiel herab, stehen dicht und lassen sich leicht mit dem Fingernagel entfernen. Der bis zu 15 cm große Hut ist anfangs beinahe halbkugelförmig, mit eingerolltem Rand, später flach. Der Hut ist grau und sieht aus, als wäre er mit einem weißlichen Reif bedeckt.
Der Stiel ist weiß bis grau, faserig, an der verdickten Stielbasis mit wattigem Myzel bedeckt, oft kräftig, kurz, seltener schlank und hoch, meist 5 - 7 cm lang und 1 - 3 cm dick. Das Fleisch ist weiß und fest.
Gefährlich und leicht möglich sind Verwechslungen mit dem Riesenrötling, der nach Mehl riecht und dessen Blätter nicht am Stiel herablaufen, sich nicht leicht mit dem Fingernagel entfernen lassen und sich im Alter rötlich färben.

77 Nebelgrauer Trichterling

Das Sporenpulver des Nebelgrauen Trichterlings ist nicht rein weiß, sondern creme-gefärbt. Damit zeigt dieser Pilz Beziehungen zu der Gattung Lepista.

Mönchskopf
Clitocybe geotropa (Bull. ex Fr.) Quel.

Abb. 78

Gattung Trichterlinge

Jung eßbar

Der Mönchskopf oder auch Falber Riesentrichterling zeichnet sich durch mehrere gut erkennbare Merkmale aus. Er hat eine helle auffallende Farbe von gelb bis weiß, jung beinahe gelbbräunlich bis

78 Mönchskopf

gelbrötlich. Der Mönchskopf ist ein sehr großer stattlicher Pilz, der mehr als 20 cm Durchmesser erreicht. Der junge Pilz hat einen auffallenden Buckel bei gleichzeitig eingerollter Hutkrempe, was ihm ein ulkiges Aussehen verleiht.
Die Blätter laufen am Hut herab und sind ähnlich gefärbt wie Hut und Stiel. Die Hutoberfläche ist matt, feucht, etwas glänzend, bereift. Der ältere Pilz hat einen glocken- bis trichterförmigen Hut. Der spitze Buckel verschwindet nicht ganz und ist auch noch beim alten Pilz im Trichtergrund erkennbar. Der leicht keulig verdickte Stiel wird bis zu 12 cm hoch und 1 - 3 cm dick. Die Stielbasis ist von wattigem Myzel überdeckt, das blasse Fleisch ist trocken und etwas zäh.
Der Mönchskopf ist jung eßbar, aber nicht unbedingt ein guter Speisepilz. Er wächst im Spätherbst, in Hexenringen, auf Wiesen, Waldrändern und Lichtungen; in den meisten Gegenden ist er sehr häufig.

Abb. 79 **Lacktrichterling**
Laccaria laccata (Scop. ex. Fr.) Bk. et Br.

Gattung Lacktrichterlinge

Geringwertig

Die Trichterlinge zählen ca. 80 Arten und zeichnen sich durch herablaufende Blätter, weiße Sporen und einen nahtlosen Übergang vom Hut in den Stiel aus. Sie zählen zu den ritterlingsartigen Pilzen und können von den eigentlichen Ritterlingen, deren Blätter nicht am Stiel herablaufen, nicht ganz klar abgegrenzt werden. Es gibt Trichterlinge, deren Blätter nur teilweise herablaufen.
Der Lacktrichterling ist eigentlich kein Trichterling. Seine Blätter sind am Stiel angewachsen und laufen kaum am Stiel herab. Auch sind die Blätter nicht dünn und dichtstehend, sondern auffallend dick und entfernt.
Die Sporenfarbe allerdings ist weiß. Die Einzelspore aber ist stachelig wie bei den Täublingen. Hut und Stiel sind nicht fleischig und weich, sondern zäh und dünnfleischig. Die Lacktrichterlinge haben den Pilzwissenschaftlern Kummer gemacht, da man sie nicht richtig in das System einordnen kann. Sie stehen nur aus Verlegenheit nahe bei den Trichterlingen. Unter der Gattung *Laccaria* werden ca. 10 Arten zusammengefaßt.
Man trifft im Wald rote und blaue Lacktrichterlinge. Der Pilz ist sehr variabel und tritt in mehreren Varietäten mit Übergängen auf.
Der Hut ist fleischrot bis violett, trocken deutlich ausblassend, mehlig, flockig, dünnfleischig und 2 - 4 cm breit. Die Hutform reicht von glockig gewölbt bis genabelt.
Der Stiel hat die gleiche Farbe wie der Hut, ist dünn und zäh, riefig, am Stielende von Myzel bedeckt und bis zu 8 cm hoch. Die Blätter sind vorwiegend fleischrot bis violett und von den reifen

79 Lacktrichterling

Sporen weiß überzogen bzw. bestäubt. Wer nicht richtig beobachtet, kann den Lacktrichterling mit einem Helmling, z.B. Rettichhelmling, verwechseln.
Der Lacktrichterling kommt sehr häufig vor, praktisch in allen Wäldern. Er bevorzugt jedoch Wegränder und Lichtungen und wächst im Sommer und Herbst.
Der Lacktrichterling ist zwar eßbar, aber wegen seiner Zähigkeit geringwertig.

Kastanienbrauner Rübling *Abb. 80*
Collybia butyracea (Bull. ex. Fr.) Quel.

Gattung Rüblinge

Geringwertig

Die Rüblinge lassen sich gut von Ritterlingen *(Tricholoma)* unterscheiden. Die Hüte sind dünnfleischig, die Stiele knorpelig, hohl oder wattig gefüllt, gerieft oder flachgedrückt und wurzelähnlich verlängert (Rübling!).
Schleimige Rüblinge *(Oudemansiella)* unterscheiden sich von den Rüblingen durch ihren schleimigen Hut. Die Pilze dieser Gattungen sind mittelgroß bis klein, häufig und wachsen praktisch überall.
Als Speisepilze kommen sie kaum in Betracht wegen ihrer zähen Beschaffenheit und ihrer wenig fleischigen Hüte.
Der Kastanienbraune Rübling hat einen fettig glänzenden, glatten kastanienbraunen flachen Hut von 5 - 10 cm Durchmesser, der manchmal ein wenig gebuckelt ist. Wegen des ›fetten‹ Aussehens heißt dieser Pilz auch Butterrübling. Die Blätter sind weiß, gekerbt und stehen gedrängt.

80 Kastanienbrauner Rübling

Die Stiele haben eine ähnliche Farbe wie der Hut, sie sind gerillt oder gerieft und am Fuße verdickt. Diese verdickte Stelle ist hohl wie aufgeblasen und meist voll Wasser. Das Fleisch der Butterrüblinge ist blaß und nahezu geruchlos.
Der Pilz wächst sowohl im Nadel- als auch im Laubwald und ist sehr gesellig (Juli - November).
Der Kastanienbraune Rübling ist eßbar, aber minderwertig. Für den Speisezettel läßt sich meist Besseres finden.

Der ähnliche **Waldfreundrübling** *(Collybia dryophila)* ist nicht eßbar. Nach neuesten Kenntnissen sind mehrere Vergiftungen auf ihn zurückzuführen. Der Waldfreundrübling ist klein, das Fleisch ist rötlich; er zeigt Ähnlichkeit mit dem Nelkenschwindling, hat aber engerstehende Blätter als dieser.

Abb. 81 **Buchenschleimrübling**
Oudemansiella mucida (Schrad. ex Fr.) v. Hoehn.

Gattung Schleimrüblinge

Geringwertig

Als Speisepilz ist dieser Schleimrübling bedeutungslos. Er ist zwar eßbar, aber geringwertig.
Er wird hier deshalb erwähnt, weil er von auffallend schöner Erscheinung ist, die die Aufmerksamkeit jedes echten Pilzsammlers erzwingt.
Oudemansiella mucida ist in allen Teilen reinweiß. Sowohl die Blätter als auch der Stiel und der Hut sind von leuchtender weißer Farbe. Der Hut ist von einem Schleim überzogen, der den Pilz als Schleimrübling ausweist. Die Blätter stehen entfernt und sind dick.

81 Buchenschleimrübling

Die am unteren Ende etwas grau verfärbten Stiele tragen einen Ring. Der Pilz ist mittelgroß und relativ dünnfleischig. Das Fleisch ist weich und ohne auffallenden Geruch.
Aber nicht nur die Farbe dieses Pilzes erzwingt unsere Aufmerksamkeit, sondern auch sein Standort. Er wächst auf toten oder kranken Buchenstämmen bis hoch hinauf in den Wipfel des Baumes. Leichter zu beobachten ist er auf am Boden liegenden Ästen und Stämmen. Er wächst einzeln und büschelig, und zwar im Herbst.

Breitblättriger Rübling *Abb. 82*
Oudemansiella platyphylla (Pers. ex Fr.) Mos.
= Collybia platyphylla Quel.

Gattung Schleimrüblinge

Eßbar

Der Breitblättrige Rübling zählt in jedem Fall zu den ritterlingsartigen Pilzen. Man könnte ihn auch zu den echten Ritterlingen zählen, so ausgesprochen zäh ist der Stiel nicht. Da er auf Holz wächst, wäre vielleicht auch die Einordnung zu den Holzritterlingen möglich. Aber die Zuordnung zu den Schleim-Rüblingen ist sicher richtig. Ursprünglich wurde der Pilz zu den Rüblingen *(Collybia)* gezählt.
Der Breitblättrige Rübling ist ein Geheimtip. Er wird oft verkannt und kaum gesammelt, obwohl er ein recht guter Pilz ist und häufig vorkommt. In manchen Pilzbüchern wird dieser Pilz als geringwertig und weniger schmackhaft bezeichnet. Über Geschmack läßt sich aber streiten. Wer ihn zum ersten Mal ißt, sollte kritisch kosten. Sowohl im Frühsommer als auch im Herbst wächst er praktisch in allen Wäldern.

82 Breitblättriger Rübling. Charakteristisch sind die wurzelähnlichen Myzelstränge.

Der Breitblättrige Rübling bevorzugt Buchen- und Eichenstümpfe. Neben und auf diesen, aber auch auf Holzteilen, die unter Fallaub liegen, wird er einzeln, selten in Gruppen gefunden.
Am deutlichsten erkennt man diesen Pilz an seinem Myzel. Dieses bildet etwa 2 - 3 mm dicke Stränge, die so fest mit dem Stiel verwachsen sind, daß man diese Stränge wie Schnüre aus dem Boden ziehen kann, wenn man den Pilz vorsichtig am unteren Stielende packt und langsam den Fäden nachgeht.
Der Hut des Pilzes ist graubraun bis horngrau, faserig, häufig gerissen, in der Mitte dunkler, flach gewölbt und bis 15 cm groß, meist 7 - 9 cm.
Das Fleisch ist dünn, weiß und ohne Geruch. Die Blätter sind auffallend breit, gekerbt, runzelig und am Grunde faltig, bauchig, dick und entfernt stehend und von weißer bis schmutzig weißer Farbe. Der Stiel ist bis 10 cm und mehr hoch, ca. 1 cm dick, weißlich-bräunlich, etwas gerieft und faserig.

Abb. 83 **Fichtenzapfenrübling**
Strobilurus esculentus (Wulf. ex Fr.) Sing.
= Pseudohiatula esculenta

Eßbar Es gibt mehrere rüblingsartige Pilze, kleine Arten, die auf Kiefernzapfen, Fichtenzapfen u.a. wachsen. Manche Autoren zählen diese Pilze zu den Rüblingen. Es ist aber offenbar zweckmäßig, diese zu einer eigenen Gattung *Strobilurus* zusammenzufassen. Zu

Gattung Nagelschwämme

deutsch heißen diese Pilze: Nagelschwämme (*Pseudohiatula* ist eine ältere Bezeichnung).

Neben dem hier beschriebenen *Pseudohiatula esculenta* wäre noch *Pseudohiatula conigena,* der Kiefernzapfen-Rübling zu erwähnen.

Im Winter und zeitigen Frühjahr, wenn es sonst kaum Pilze gibt und der Hobbymykologe sehnsüchtig auf die Pilzzeit wartet, ist Gelegenheit, sich der Nagelschwämme anzunehmen.

Der Fichtenzapfen-Rübling gedeiht in Fichtenzapfen. Sein Myzel durchdringt diese und treibt Fruchtkörper, die dann unmittelbar neben oder über dem Zapfen erscheinen. Hebt man vorsichtig die Nadelstreu oder das Fallaub rund um den Fichtenzapfen weg, so kann man den Zusammenhang zwischen dem Pilz und seinem Substrat erkennen.

Normalerweise geht man unachtsam an dem unscheinbaren Pilzchen vorbei, ohne zu ahnen, welches hochspezialisierte Pflanzenwachstum sich hinter dem kleinen Rübling verbirgt. Wer Freude an Pilzen hat, sollte im Frühjahr einmal ganz bewußt dieses Phänomen studieren, zumal der Fichtenzapfen-Rübling sehr schmackhaft ist und wegen seines oft massenhaften Auftretens durchaus gesammelt werden kann. Verwerten sollte man nur die Hüte, da die Stielchen zu zäh sind.

Der Hut des Fichtenzapfen-Rüblings ist 3 - 4 cm groß, dunkelbraun, flach und dünnfleischig. Die Blätter sind grau, gedrängt und breit. Die Stiele sind rotbräunlich, zäh, hohl, dünn, und stecken bis zu 5 cm und mehr unter der Oberfläche des Waldbodens und münden in einem Fichtenzapfen, der von Erde, Laub, Nadeln usw. bedeckt ist.

83 Fichtenzapfenrübling

84 Nelken-Schwindling

Abb. 84 **Nelken-Schwindling — Kreisling, Feldschwindling**
Marasmius oreades (Bolt. ex Fr.) Fr.

Gattung Schwindlinge

Eßbar

Man erkennt ihn leicht. Der Nelkenschwindling wächst nicht im Wald und wenn, dann nur auf lichten grasigen Stellen. Ab Mai kann man ihn dagegen bis in den Spätherbst hinein auf Wiesen und Triften finden. Meist steht er nicht allein, sondern bildet schöne Hexenkreise. Bei Trockenheit ›schwindet‹ er, d.h., er schrumpft zusammen, um bei feuchtem Wetter wieder um so munterer aufzuerstehen und weiterzuwachsen. Dieses Verhalten ist für alle Schwindlinge typisch.

Der Nelkenschwindling ist ein kleiner Pilz. Die Hüte werden nur 3 - 5 cm groß. Sie sind dünnfleischig und von graugelber bis hellbrauner Farbe. Der anfangs leicht glockige Hut wird später flacher und ist wellig verbogen. Das Fleisch hat einen würzigen Geruch und erinnert manchmal an Bittermandelöl; er ist etwas zäh.

Die Blätter sind weiß, schmutzig-weiß, sie stehen entfernt und sind dick, adrig und am Stiel abgerundet angewachsen wie bei einem Ritterling.

Die Stiele sind ähnlich gefärbt wie der Hut, vielleicht etwas blasser, am Grunde zottig, dünn und bis zu 8 cm hoch, zäh und nicht hohl.

Der Nelkenschwindling ist ein sehr guter Speisepilz, der sich besonders zu Suppen eignet und häufig als Würzpilz verwendet wird. Auch im Mischgemüse schmeckt er gut.

Beim Suchen dieses Pilzes achte man auf Verwechslungen mit anderen im Grase wachsenden kleinen Pilzen.

Gefährlich wären Verwechslungen mit kleinen Rißpilzen und mit giftigen weißen Trichterlingen. Es gibt mehrere kleine weiße Trichterlingsarten, die sehr giftig sind. Davon wäre besonders der weiße Rasen-Gifttrichterling zu erwähnen, da er ebenfalls in Wiesen wächst. Der weiße Rasen-Gifttrichterling ist nicht reinweiß, sondern schmutzig gelblich, trichterförmig mit herablaufenden Blättern.
Auf der Schwäbischen Alb findet man auf Wiesen und Matten oft zahlreiche Hexenringe der Nelkenschwindlinge. An kreisförmigen, dunkelgrün gefärbten Zonen im Gras erkennt der ›Fachmann‹ schon von weitem, daß hier wahrscheinlich Champignons oder Nelkenschwindlinge wachsen; im Mai kann es auch einmal der Mairitterling sein. Enttäuscht wendet sich der weniger erfahrene Pilzsucher ab, wenn es dann nur kleine ominöse Pilzchen sind, eben der Nelkenschwindling, den viele Pilzfreunde nicht kennen. Wagen Sie ruhig einmal diesen Pilz zu sammeln, es lohnt sich. Wenn Sie ihn zum erstenmal finden, lassen Sie sich Ihre Diagnose in der Pilzberatung bestätigen.
Sehr häufig ist der Nelkenschwindling auch ungebetener Gast in Vorgärten. Er erzeugt häßliche Stellen im Rasen und kann kaum wirksam entfernt werden.

Geselliger Glöckchen-Nabeling
Xeromphalina campanella (Batsch. ex Fr.) R.Mre.

Abb. 85, 86

Gattung Glöckchen-Nabelinge

Gering-wertig

Zu den Ritterlingsartigen Pilzen zählt auch eine Gruppe von kleinen Pilzen, die Helmlinge und Glöckchennabelinge, die zwar als Speisepilze uninteressant, aber trotzdem unserer Aufmerksamkeit wert sind. Sie wachsen meist rasenartig auf Baumstümpfen und faulendem Holz und werden ihrer Kleinheit wegen von den Pilzfreunden übergangen, die sich erst gar nicht die Mühe machen, die kleinen Pilze näher anzuschauen und wenigstens den Versuch zu unternehmen, die Pilze zu bestimmen.
Der Glöckchen-Nabeling ist ein 10 bis 20 mm großer, rotgelber Pilz, der einen glockenförmigen, genabelten Hut besitzt, der außerdem noch auffallend gerieft ist. Die Blätter sind ebenfalls rötlich gelb und stehen entfernt. Die Stielchen sind rotbraun und dünn und am unteren Stielende von ebenfalls rostroten Härchen filzig besetzt.
Der Glöckchen-Nabeling wächst auf alten verfaulenden Nadelholzstümpfen und überzieht diese in riesigen Herden. Er wächst im Spätsommer und Herbst.
Der Gesellige Glöckchen-Nabeling ist als Speisepilz wertlos und wird deshalb nicht gesammelt.
Ein alter morscher Fichtenstumpf oder -stamm ist meist von Moos ganz überzogen und bietet an und für sich schon einen recht inter-

85 Der Gesellige Glöckchen-Nabeling überzieht ganze Baumstümpfe.

essanten Anblick. Wenn aber auf dem gleichen Stumpf Hunderte von rostroten Pilzchen wachsen, bleibt jeder, der ein Auge für die Natur hat, stehen, um sich diese Farbenpracht anzusehen. Man muß allerdings häufiger im Wald sein, um einmal in diesen Genuß zu kommen, zumal diese malerischen Erscheinungen oft nur tief im Wald zu finden sind.

86 Geselliger Glöckchen-Nabeling

Büschelig wachsende Holzbewohner 8.1.2.6.

Pilze können entweder auf toter Materie leben, abgestorbenen Pflanzenteilen usw., oder aber sich auf oder in lebenden Organismen einnisten. Im ersten Fall spricht man von Saprophyten, im zweiten Fall von Parasiten. Eine dritte Möglichkeit besteht darin, daß der Pilz mit einer Wirtspflanze eine Lebensgemeinschaft, eine Symbiose, eingeht. Darüber wurde an anderer Stelle schon gesprochen.

Daraus ergibt sich nun, daß es Pilze nur dort gibt, wo Grünpflanzen wachsen, in Wäldern, auf Wiesen, Äckern usw. Umgekehrt kann gesagt werden, daß es überall, wo Pflanzen wachsen, auch Pilze gibt, also kein Wald ohne Pilze.

So nimmt es nicht wunder, daß abgestorbene Bäume, Äste und Baumstümpfe besonders häufig von Pilzen bevölkert sind. Auch wenn es in einem Wald keine Steinpilze oder andere bekannte Speisepilze gibt, holzbewohnende Pilze gibt es sicher. Um genau solche Pilze geht es in diesem Kapitel. Pilze auf Baumstümpfen wachsen meist büschelig, sind mittelgroß und für den Pilzsucher interessant, da sich viele Speisepilze darunter befinden.

Allerdings zeigen diese Holzbewohner keine gemeinsamen Merkmale, sie gehören nicht alle einer Familie an, sondern sind verschiedenen Gattungen und Familien zuzurechnen. Da aber der Pilzsucher immer wieder versucht, unter den wichtigsten Baumpilzen Vergleiche anzustellen, soll der Versuch unternommen werden, sie hier gemeinsam vorzustellen.

Nicht gemeint sind Porlinge, Wirrlinge u.a. Pilze, die an Baumstämmen holzige Fruchtkörper ausbilden, oft hoch in der Baumkrone anzutreffen sind und als Speisepilze praktisch keine Rolle spielen.

Eine Vollzähligkeit der Aufzählung aller Holzbewohner konnte nicht erreicht werden. Einige Pilze, die ausschließlich auf Ästen und Baumstämmen anzutreffen sind, wurden bereits erwähnt, so die verschiedenen Dachpilze, der Glöckchen-Nabeling und andere.

Alle im folgenden beschriebenen Pilze gehören zur Ordnung der Blätterpilze. *Tab. S. 138*

Zusammenfassung der wichtigsten büschelig auf Stämmen wachsenden Pilze

Bezeichnung der Art	Hutfarbe	Blätter	Ring am Stiel	Schleierreste am Hut	Sporenfarbe	Bemerkung
Geselliger Glöckchennabeling	rot-gelb	rot-gelb	–	–	weiß	klein, Hut genabelt, kein Speisepilz
Helmlinge	meist graubraun	weiß bis leicht rosa	–	–	weiß	Hut riefig, kleine Pilze, kaum Speisepilze
Flämmlinge	gelbbraun	rostbraun	±	–	rostbraun	keine Speisepilze
Stockschwämmchen	braungelb	braun	+	–	braun	Hut hygrophan, eßbar und gut
Weißstieliges Stockschwämmchen	dunkelbraun	braun, braunschwarz	–	+	braunschwarz	sehr dünnfleischig, zerbrechlich, bedingt eßbar
Grünblättriger Schwefelkopf	schwefelgelb	gelb-grün, später violettbraun	–	+	violettbraun	bitter, ungenießbar
Rauchblättriger Schwefelkopf	schmutzig-gelb	rauchgrau	–	+	violettbraun	guter Speisepilz
Ziegelroter Schwefelkopf	gelb, rotfleckig	purpurbraun	–	+	violettbraun	jung mit auffallend, gelbem Schleier, leicht bitter, bedingt eßbar
Sparriger Schüppling	hell-gelb	rostbraun	+	–	rostbraun	Hut und Stiel mit sparrigen Schuppen, ungenießbar
Hallimasch	braun	weiß bis hellbraun	+	–	weiß	Hut schuppig, bedingt eßbar
Samtfußrübling	gelbbraun	weiß, gelb-weiß	–	–	weiß	Stiele schwarzsamtig, eßbar

Zusätzlich zu den im vorstehenden Kapitel beschriebenen Pilzen wurden auch Helmlinge und Flämmlinge sowie der Gesellige Glöckchennabeling in die Tabelle aufgenommen, da diese ebenfalls auf Holz vorkommen. Die Tabelle ist nicht vollständig und gibt nur die wichtigsten Holzbewohner wieder.

Hallimasch
Armillariella mellea (Vahl. in Dan. ex Fr.) Karst.

Abb. 87

Gattung Ringtrichterlinge

Roh giftig, bedingt eßbar

Dieser Pilz zählt zur Familie der Ritterlingsartigen Pilze. Er hat weiße Sporen, seine Blätter sind allerdings am Stiel angewachsen und laufen nur teilweise am Stiel herab. Man könnte diesen Pilz als Trichterling bezeichnen. Allerdings ist der Stiel beringt. Unter der Gattung *Armillariella* werden beringte und unberingte fleischige ›Trichterlinge‹ zusammengefaßt, deren Lamellen kurz herablaufen, deren Hüte honigfarben, schuppig oder punktiert sind und die auf Holz wachsen.

Der Hut des Hallimasch ist mittelgroß und in der Regel nicht breiter als 5 - 10 cm. Er ist braun und trägt charakteristische dunklere kleine aufrechte Schuppen. Jung ist der Hut beinahe kugelig und geschlossen, später wird er gewölbt und trägt einen leichten Buckel. Ausgewachsene Exemplare sind flach.

Der Stiel ist gelb bis braun, faserig, rillig, beinahe flockig, am unteren Stielende dicker, sonst gleichmäßig dick, bis 7 cm hoch und 0,5 cm dick.

Einzeln wachsende Exemplare erreichen Hutdurchmesser von fast 20 cm und haben Stiele mit einer Dicke von nahezu 3 cm, so daß man den Pilz im ersten Moment gar nicht erkennt.

Die Blätter sind weiß bis gelb-bräunlich, dünn und entfernt stehend. Das Fleisch ist bei jungen Pilzen weich und weißlich, bei älteren Pilzen zäh.

Der Hallimasch wächst im Spätherbst und befällt lebende und tote Bäume, sowohl Laub- als auch Nadelhölzer. Er ist häufig.

Soweit die Beschreibung des Hallimasch. Aber was gibt es zu diesem Pilz nicht noch alles zu sagen!

Der Förster fürchtet diesen Pilz. Der Hallimasch ist ein arger Holzzerstörer. Sein Myzel bildet dicke Stränge, die sich meterweit unter der Erde von Baum zu Baum ausbreiten und in das Holz eindringen. Das Myzel setzt sich zwischen Rinde und Holz fest und treibt an einem einzigen Baum oft mehrere hundert Fruchtkörper, die dicht an dicht den befallenen Ast oder Stamm rasig bedecken. Der Hallimasch ist vermutlich der häufigste Pilz überhaupt. Es fällt nicht schwer, in einem vom Hallimasch befallenen Waldstück an Baumwurzeln, Baumstümpfen, toten Ästen und lebenden Stämmen in wenigen Minuten mehrere Körbe mit jungen Hallimaschhütchen zu füllen. Man braucht nur mit einem Messer die noch geschlosse-

87 Hallimasch

nen Hüte wie mit einer Sense zu fällen und in einen Korb fallen zu lassen.

Der rohe Pilz ist giftig. Er hat einen beißenden und kratzenden Geschmack, der allerdings beim Kochen verschwindet. Manche Menschen reagieren auf diesen Pilz mit Verdauungsbeschwerden. Der reichliche Genuß von Hallimasch führt sogar mit großer Wahrscheinlichkeit zu Unwohlsein. Eventuell ist es zweckmäßig, die Pilze vor der Zubereitung mit kochendem Wasser zu übergießen.

Unter diesen Umständen kann dieser Pilz nur unter Vorbehalten als Speisepilz empfohlen werden. Es bleibt jedem selbst überlassen, seine eigenen Erfahrungen zu sammeln.

Der Hallimasch wird nicht zuletzt wegen seines häufigen Vorkommens und seiner leichten Kenntlichkeit viel gesammelt. Es gibt Pilzfreunde, die auf ihn schwören und sich nichts Besseres vorstellen können als eine Mahlzeit Hallimasch. Ich selbst sammle den Hallimasch nicht, werde aber von Bekannten häufig gebeten, eine Portion aus dem Wald mitzubringen.

Verwechseln kann man den Pilz nur mit anderen auf Holz büschelig wachsenden Pilzen. Werden die Pilze älter, stehen sie mit ihren Hüten dachziegelartig übereinander. Die Hutoberfläche tiefer sitzender Exemplare wird dabei durch die Sporen der höher darüber

88 Samtfuß-rübling. Der Pilz wächst im Winter.

wachsenden Pilze weiß bestäubt. Ausgewachsene Hallimasche verfärben sich allmählich dunkler und werden auffallend groß, so daß sie von einem Anfänger oft nicht mehr erkannt werden.
Der Hallimasch kündet das Ende der Pilzsaison an. Deshalb wird sein Erscheinen mit einer gewissen Wehmut festgestellt. Nur in Ausnahmefällen kann er schon Anfang September oder gar im August beobachtet werden.

Samtfußrübling — Winterpilz
Flammulina velutipes (Curt, ex Fr.) Sing.

Abb. 88

Gattung Samtfuß-rübling

Eßbar und gut

Dieser Pilz zeigt Verwandtschaft zu den Rüblingen und den Zählingen und bildet innerhalb der Ritterlingsartigen Pilze eine eigene Gattung.
Der Hut dieses Pilzes ist normalerweise 3 - 5 cm im Durchmesser, kann aber auch unter günstigen Bedingungen 10 cm erreichen. Er ist im jungen Zustand eingerollt und gewölbt, später flach, wellig verbogen und streifig bis gerieft. Die Hutfarbe ist gelb bis braun. Die Hutoberfläche ist bei feuchtem Wetter beinahe schleimig, klebrig, sonst glatt bis feinfilzig. Der Samtfußrübling ist dünnfleischig.
Die Blätter sind angewachsen, verschieden lang und gelblich weiß. Die Stiele sind gelb und schwarzsamtig überzogen, dünn, hohl und lassen sich als verlängerte Stränge bis weit in das Myzel verfolgen, das zwischen Rinde und Holz ausgebreitet ist.
Der Winterpilz wächst rasig bis büschelig auf verschiedenen toten

oder lebenden Hölzern. Er bevorzugt Laubhölzer, besonders Buchen und Weiden.
Wie der Name schon andeutet, wächst dieser Pilz im Winter, und zwar von Oktober bis April.
Der Samtfußrübling ist ein wohlschmeckender Speisepilz. Allerdings sind die Stiele wegen ihrer Zähigkeit zu entfernen.
Der Reiz des Winterpilzes liegt in seiner Erscheinungszeit. Wenn es praktisch keine anderen Pilze mehr gibt, kann immer noch dieser gesucht werden. Sogar unter Schnee kann er hervorgeholt werden. Es macht jedoch Schwierigkeiten einem schneebedeckten Baumstumpf anzusehen, ob sich Winterpilze unter dem Schnee verbergen. Man muß schon genau wissen, an welcher Stelle es sich lohnt, nach ihm zu suchen. Bei langen Wanderungen im Winter, eventuell auf Langlaufskiern, ist es aber durchaus nicht aussichtslos, nach ihm Ausschau zu halten.
Ausnahmsweise darf er in einer Plastiktüte gesammelt werden. Es würde zu großsprecherisch aussehen, im Winter mit einem Korb auf Pilzsuche zu gehen. Die Hüte des Samtfußrüblings sind natürlich oft hartgefroren, was aber dem Geschmack keinen Abbruch tut. Nach dem Auftauen sollten die Pilze allerdings noch frisch aussehen.

Abb. 89 **Stockschwämmchen**
Kuehneromyces mutabilis (Schff. ex Fr.) Sing. et Smith

Eigene Gattung

Eßbar und gut

Dieser Pilz ist in jeder Hinsicht bemerkenswert. Seinetwegen mußten die Experten eine eigene Gattung erfinden, da sich das Stockschwämmchen nirgends so richtig unterbringen läßt. Bei uns gibt es von dieser Gattung nur eine Art, nämlich das Stockschwämmchen selbst. Die Gattung *Kuehneromyces* gehört zur Familie der Dunkelblättler *(Strophariaceae)*.
Bemerkenswert ist weiterhin die lange Wachstumsperiode – man findet das Stockschwämmchen vom Frühjahr bis in den Winter – sowie sein Wohlgeschmack. Kein Pilzfreund, der sich rühmt, ein Pilzkenner zu sein, kann es sich erlauben, das Stockschwämmchen nicht zu kennen.
Das Stockschwämmchen läßt sich sehr eindeutig beschreiben. Am charakteristischsten ist das Hütchen des büschelig bis rasig wachsenden Pilzes. Normalerweise ist der Hut gelb bis honiggelb. Diese Farbe zeigt aber nur der trockene Pilz. Meistens aber ist der Hut feucht. Im feuchten Zustand ist der Hut braun bis dunkelbraun. Da der Hut vom Scheitel her austrocknet und mit dem Trocknen wieder seine hellere Farbe annimmt, erscheint das Stockschwämmchen meist zweifarbig, nämlich mit einem dunkleren Rand und einer helleren Mitte. Pilze, die dieses Verhalten zeigen, nennt man hygrophan.

89 Stockschwämmchen bilden oft ausgedehnte Kolonien.

Der Durchmesser des Hutes beträgt 3 - 8 cm, das Hütchen ist dünnfleischig und in jungem Zustand halbkugelig und verschlossen. Später ist der Hut flach mit leicht gebuckelter Mitte. Zwischen dem Stiel und dem Hut spannt sich beim noch geschlossenen Pilz ein spinnwebartiger Schleier.

Die Stielchen tragen einen verschwindenden Ring. Oberhalb dieses Ringes sind die Stiele hell, unterhalb des Ringes sind sie dunkelbraun bis schwarz und außerdem flockig bis leicht schuppig.

Das Hutfleisch ist blaß bis hellbraun und riecht und schmeckt angenehm. Die Blätter sind rostbraun wie die Sporen, dünn, engstehend und am Stiel angewachsen.

Das Stockschwämmchen ist ein ausgezeichneter Speisepilz, der sich besonders zur Zubereitung von Suppen eignet. Die zähen Stiele können nicht verwendet werden.

Es wurde bereits erwähnt, daß das Stockschwämmchen rasig bis büschelig wächst. Es bevorzugt tote Laubhölzer und wird häufig an Buchenstämmen und -stümpfen gefunden. Ein einziger Baumstumpf ist dabei oft von mehreren hundert Pilzchen bedeckt, so daß eine Fundstelle für eine Mahlzeit ausreichen kann. Anstelle der abgeernteten Pilze wachsen bald wieder Fruchtkörper nach. Es lohnt sich also, sich in seinem Pilzrevier einige Baumstümpfe zu merken, sie liefern immer wieder schmackhafte Suppenpilze.

Das Stockschwämmchen läßt sich leicht züchten. (Siehe dazu das Kapitel über die Zucht von Pilzen.)
Bei der Suche nach dem Stockschwämmchen sind Verwechslungen mit anderen Pilzen kaum möglich, wenn man auf die Merkmale des Stockschwämmchens achtet. Auszuschließen sind Verwechslungen allerdings nicht. Zu beachten wären die verschiedenen Schwefelkopfarten, der Hallimasch, Flämmlinge und das Weißstielige Stockschwämmchen.

Gefährlich ist eine Verwechslung mit dem wenig bekannten **Nadelholzstockschwämmchen** *(Galerina marginata)*. Dieser Pilz heißt auch Nadelholzschüppling oder Mehlschüppling. Er sieht dem Stockschwämmchen sehr ähnlich, wächst wie dieses büschelig auf Holz, allerdings auf Nadelholz. Der Nadelholzschüppling ist kleiner als das Stockschwämmchen und hat unterhalb des Ringes einen glatten Stiel. Er ist bitter und riecht nach Mehl.

Das Nadelholzstockschwämmchen enthält nach neuesten Erkenntnissen ein Gift, das auch im Grünen Knollenblätterpilz vorkommt, nämlich Amanitin. Damit muß das Nadelholzstockschwämmchen als äußerst giftig bezeichnet werden.
Zum Glück ist dieser Pilz nicht sehr häufig.

Im folgenden sind nochmals die wesentlichen Unterschiede aufgeführt:

	Stockschwämmchen	**Nadelholzstockschwämmchen**
Vorkommen	häufig	selten
Hut	nicht gerieft	gerieft
Größe	3 - 5 cm, selten kleiner	kleiner
Geruch	kein Mehlgeruch	Mehlgeruch
Stiel	flockig	nicht flockig
Ort	auf Buchenstämmen	auf Nadelholz
Eßbarkeit	eßbar und gut	stark giftig

Die meisten Pilzsucher können nicht nur eine Buche von einer Fichte unterscheiden, sondern auch einen Buchenstumpf von einem Fichtenstumpf. Wer das nicht kann, muß bei der Suche nach dem Stockschwämmchen besonders vorsichtig sein.

Abb. 90 **Weißstieliges Stockschwämmchen**
Psathyrella hydrophila (Bull. ex Merat) R.Mre.

Gattung Saumpilze

Wegen des sehr vergänglichen Schleiers, der sich in der Jugend zwischen Hut und Stiel ausspannt und später am Hutrand zurückbleibt, aber eben wie gesagt sehr vergänglich ist, heißt dieser Pilz auch

90 Weißstieliges Stockschwämmchen

Eßbar

Wäßriger Saumpilz. Wäßrig soll bedeuten, daß der Pilz sehr häufig durchfeuchtet ist.

Wie die meisten Saumpilze ist das Weißstielige Stockschwämmchen sehr dünnfleischig und zerbrechlich. Die dunkelbraunen Hüte sind zuerst halbkugelig, später flach und in trockenem Zustand hellgrau. Dabei treten allerdings nicht die charakteristischen hellen und dunklen Zonen wie beim Stockschwämmchen auf.

Am Rande sind die Hüte so dünn, daß sie durch die darunterliegenden Blätter durchscheinend gerieft wirken. Die Stiele sind weiß, dünn und relativ lang.

Die Blätter sind beim jungen Pilz, solange die Sporen noch nicht reif sind, hellgrau bis braun, später braunschwarz. Sie stehen dicht beieinander und sind am Stiel angewachsen.

Der Wäßrige Saumpilz wächst büschelig an Baumstümpfen, besonders an Buchen, und ist sehr häufig. Er wächst von September bis zu den ersten Frösten im November.

In den meisten Pilzbüchern wird das Weißstielige Stockschwämmchen als eßbar bezeichnet, allerdings wird sein Wohlgeschmack und seine Bekömmlichkeit eingeschränkt. Dieser Pilz kann deshalb nur unter Vorbehalten als Speisepilz empfohlen werden. Auf jeden Fall aber sind Verwechslungen mit diesem Pilz beim Sammeln anderer Baumbewohner harmlos.

Ein sehr viel besserer Speisepilz ist ein anderer, ähnlicher Saumpilz, der allerdings nicht in Büscheln auf Baumstümpfen wächst, sondern in Gruppen und Hexenringen an Wegrändern: der Lilablättrige oder Zarte Saumpilz *(Psathyrella candolleana)*. Sein Hut ist aber nicht braun, sondern weiß bis weißgrau.

s. Schutzumschlag

Grünblättriger Schwefelkopf

(Nematoloma fasciculare (Huds. ex Fr.) Kummer
= Hypholoma fasciculare

Gattung Schwefelköpfe

Schwach giftig

Genau wie das Stockschwämmchen gehören die Schwefelköpfe zu den Schuppenpilzen *(Strophariaceae)*. Innerhalb dieser Familie bilden sie eine eigene Gattung. Die meisten Schwefelköpfe, so auch der Grünblättrige Schwefelkopf, wachsen büschelig oder rasig an Baumstümpfen oder am Grund von Stämmen. Sie sind mittelgroß, meist auffällig gelb (Name!) gefärbt, haben ein spinnwebähnliches Velum und violettbraune Sporen.
Der Grünblättrige Schwefelkopf hat einen auffällig gelb gefärbten Hut. Der junge Pilz ist beinahe rein schwefelgelb. Der ältere Pilz ist oft durch die ausfallenden Sporen der dachziegelartig übereinanderstehenden Hüte braun bis violettbraun verfärbt. Der zunächst halbkugelige bis glockige Hut wird später flach und erreicht einen Durchmesser bis zu 10 cm.
Die jungen Hüte sind durch ein spinnwebartiges Gebilde verschlossen. Dieser Schleier ist flüchtig und hinterbleibt am Hutrand als sichtbarer, aber vergänglicher Schleier. Die Blätter des jungen Pilzes sind zunächst gelblich, dann grün bis giftgrün. Erst mit dem Reifen der Sporen nehmen sie nach und nach eine violettbraune bis braunschwarze Farbe an. Die Blätter sind am Stiel angewachsen. Die Stiele sind dünn, gelb und am Grund verwachsen.
Das Fleisch ist ebenfalls gelb und schmeckt außerordentlich bitter.
Der Grünblättrige Schwefelkopf wächst fast das ganze Jahr über, hauptsächlich aber im Herbst auf Laub- und Nadelhölzern. Er ist sehr häufig.
Zu Unrecht ist dieser Pilz als sehr giftig verschrieen. Er ist bitter und absolut ungenießbar, allenfalls leicht giftig. Beim Suchen von anderen Pilzen, die büschelig auf Baumstämmen wachsen, ist deshalb übertriebene Angst vor Verwechslungen mit diesem Pilz nicht nötig. Man kann ihn ohne weiteres mit dem Rauchblättrigen Schwefelkopf verwechseln, der eßbar und gut ist. Aber dieser hat rauchgraue und keine grünen Blätter. Auch ist der Hut dieses Pilzes nicht so rein gelb gefärbt. Im Zweifelsfall genügt eine Geschmacksprobe, um die richtige Entscheidung zu treffen.

Rauchblättriger Schwefelkopf *Abb. 91*
Nematoloma capnoides (Fr.) ex Fr. Kummer
= Hypholoma capnoides

Gattung Schwefelköpfe

Eßbar und gut

Er wächst büschelig auf Nadelholzstümpfen, speziell auf Fichtenholz. Man kann ihn praktisch genauso beschreiben wie seinen bitteren Doppelgänger, den Grünblättrigen Schwefelkopf. Die Hüte sind allerdings nicht so schön gelb, sie werden sehr rasch schmutziggelb bis gelbbräunlich. Die Blätter des Rauchblättrigen Schwefelkopfes sind erst blaß, dann grauviolett, eben rauchgrau, nie grün wie beim Grünblättrigen.
Die jungen Pilze sind durch einen zarten Schleier verschlossen, der sehr vergänglich und als Saum am Hutrand oft sichtbar ist. Die Stiele sind dünn, hohl, unten braun und oben gelblich gefärbt.
Der Rauchblättrige Schwefelkopf erscheint bereits im Frühjahr und kann fast bis in den Winter hinein gefunden werden. In der heißen Sommerzeit wächst er nicht gerne. Er ist sehr häufig und kommt fast in allen Fichtenwäldern vor. Die Pilze entwickeln sich aus einem Myzel, das sich zwischen der Rinde und dem Splintholz toter Fichtenstämme entwickelt.
Meist sind die Gruppen kleiner als beim Grünblättrigen Schwefelkopf. Der Rauchblättrige Schwefelkopf bildet keine sehr großen Rasen. Dafür findet man aber in einem Fichtenwald, auf abgeschlagenen Stämmen und Ästen sehr viele kleine Gruppen.
In jungen Wäldern lassen die Forstarbeiter nach dem Ausschlagen überzähliger Stämme das Holz oft einfach liegen, so daß der Waldboden kreuz und quer mit Ästen und Stämmchen bedeckt ist. Es

91 Rauchblättriger Schwefelkopf

ist meist schwierig, hier durchzusteigen. Aber sobald dieses Holz nur lange genug liegt, wird es u.a. sicher auch von Schwefelköpfen befallen. Es rentiert sich meist, in einem solchen unfreundlichen Waldstück nach dem Rauchblättrigen Ausschau zu halten. Oft findet man so viele der dünnfleischigen Pilze, daß man sie gar nicht alle mitnehmen kann.
Der Rauchblättrige Schwefelkopf ist ein sehr guter Speisepilz, der zu Mischgemüsen und vor allen Dingen zu Suppen verwendet werden kann. Eßbar sind aber nur die Hüte des Pilzes, die Stiele sind zu zäh. Obwohl eine Portion Rauchblättriger Schwefelköpfe aus sehr vielen einzelnen Köpfchen besteht – die großen ausgewachsenen Exemplare läßt man stehen –, ist das Putzen des Pilzes sehr rasch geschehen. Man schneidet einfach die Stiele ab und halbiert zu große Hüte. Um das Hutfleisch braucht man sich kaum zu kümmern, es ist selten madig.

Abb. 92 **Ziegelroter Schwefelkopf**
Nematoloma sublateritium (Fr.) Quel.
= Hypholoma sublateritium

Gattung Schwefelköpfe

Bedingt eßbar

Unter den Schwefelköpfen ist der Ziegelrote der größte. Seine Hüte erreichen Durchmesser von mehr als 10 cm und sind verhältnismäßig derb und dickfleischig. Wie der Name schon sagt, ist dieser Schwefelkopf nicht rein gelb, sondern ziegelrot gefärbt, in der Hutmitte oft rotbraun gefleckt. Der junge Pilzhut ist durch einen Schleier, der später abreißt und vergeht oder als Saum noch eine Zeitlang am Hutrand hängen bleibt, geschützt. Dieser Schleier ist auffallend gelb gefärbt. Die Blätter zeigen anfänglich einen grünen Schimmer und werden später purpurbraun. Das etwas gelbliche Fleisch ist leicht bitter. Die Stiele sind gelb, im unteren Teil braun und meist gekrümmt. Der Ziegelrote Schwefelkopf wächst büschelig bis rasig an oder auf morschen Laubholzstämmen und Ästen. Er ist sehr häufig und erscheint im Herbst.
Wegen des etwas bitteren Geschmacks kann dieser Pilz nicht als guter Speisepilz empfohlen werden. Er ist zwar eßbar, aber nicht besonders wertvoll. Vor der Zubereitung sollte der Ziegelrote Schwefelkopf mit heißem Wasser überbrüht werden.

Abb. 93 **Sparriger Schüppling**
Pholiota squarrosa (Pers. ex Fr.) Kummer

Gattung Schüpplinge

Dieser Holzbewohner ist ein auffälliger Pilz. Er bevorzugt lebende Stämme und wächst sowohl auf Laub- als auch auf Nadelhölzern. Häufig findet man ihn am Grunde von Apfelbäumen. Er bildet große Gruppen oder Büschel.

92 Ziegelroter Schwefelkopf

Dieser Pilz ist groß. Die Hüte werden mehr als 12 cm breit, sie sind derb und dickfleischig. Sparrige Schuppen bedecken sowohl den Hut als auch den Stiel. Die Hutfarbe reicht von hell- bis dunkel- oder schmutzig gelb. Die Stiele sind ebenfalls kräftig, bis zu 10 cm hoch, mehr als 1 cm dick und tragen einen Ring.

Der Sparrige Schüppling hat hellgelbes, dumpf riechendes Fleisch, das für Pilzgerichte nicht empfohlen werden kann. Es schmeckt minderwertig und ist außerdem nicht jedermann bekömmlich.

Ungenießbar

Der Sparrige Schüppling kommt im Spätherbst vor, er ist sehr häufig.

93 Sparriger Schüppling

8.1.2.7. Familie Wachsblättler
Hygrophoraceae

Die Wachsblättler werden auch Dickblättler genannt, damit wird auf zwei auffällige Merkmale der Pilze dieser Familie hingewiesen. Die Blätter sind wachsartig, stehen entfernt und sind besonders am Grunde verdickt. Dadurch entsteht ein fast dreieckiger Blattquerschnitt. Im Blattquerschnitt erkennt man unter der Lupe oft eine Zwischenschicht, die offenbar für die dicken Blätter verantwortlich ist. Die Sporenfarbe ist weiß. Die Blätter sind entweder abgerundet angewachsen oder laufen am Stiel herab. Die Wachsblättler sind meist saftreiche, farbenfrohe Pilze. Man findet unter ihnen zahlreiche Speisepilze.

Die *Hygrophoraceae* werden in drei Gattungen unterteilt:
Schnecklinge *(Limacium; Hygrophorus)*
Ellerlinge *(Camarophyllus)*
Saftlinge *(Hygrocybe)*.

Die **Schnecklinge** sind im jugendlichen Zustand ganz von einer schleimigen Hülle überzogen. Die Stielspitze ist meist flockig punktiert. Die Blätter laufen am Stiel herab.

Die **Ellerlinge** haben im Gegensatz zu den Schnecklingen einen trockenen, nicht schmierigen, vollfleischigen Hut. Die Blätter laufen am Stiel herab. Der Stiel ist ebenfalls vollfleischig. Im Querschnitt erinnern die Ellerlinge an einen Kreisel.

Die **Saftlinge** haben glasiges, saftiges Fleisch, sind auffallend gefärbt und zerbrechlich. Die Farben reichen von gelb über rot bis grün. Die Blätter laufen nicht deutlich am Stiel herab, sondern sind unterschiedlich am Stiel angesetzt.

Es ist nicht immer einfach, einen Wachsblättler einer dieser drei Gattungen zuzuordnen. Der Übergang von Gattung zu Gattung ist fließend. So werden in verschiedenen Büchern einmal bestimmte Schnecklinge Ellerling genannt und umgekehrt.

Abb. 94 **Märzellerling**
Hygrophorus (Limacium) marzulosus (Fr.) Bres.
Märzschneckling

Gattung Schnecklinge

Der Doppelname bringt zum Ausdruck, daß es sich um einen Pilz handelt, der weder der einen noch der anderen Gattung eindeutig zugewiesen werden kann. Für einen Schneckling ist der Hut zu trocken, seine Blätter aber entsprechen in ihrem Aufbau nicht

94 Märzellerling

denen eines Ellerlings, sondern sind typisch für Schnecklinge. Also, ein echter Übergangspilz von einer Gattung zur anderen.
Er eröffnet die neue Pilzsaison. Bei seinem Erscheinen liegen oft noch Reste von Schnee. Ende März, Anfang April ist er der erste namhafte Speisepilz, der im noch jungen neuen Pilzjahr den Reigen eröffnet. Ihm folgen dann die Speisemorchel und der Mairitterling.
Der Märzellerling ist mittelgroß; der Hut ist zunächst gewölbt, später ausgebreitet, unregelmäßig verbogen und meist 4 - 6 cm, doch auch bis zu 10 cm breit. Die Hutfarbe ist anfangs weiß bis grau, schließlich fleckig und zuletzt grauschwarz.
Die Blätter sind weißlich, später grau, sie haben einen leichten bläulich-grünen Schimmer, sind dick, entfernt stehend und laufen wenig am Stiel herab. Der Stiel ist weiß, kurz und dick, seidenfaserig, an der Spitze leicht schuppig.

Eßbar und gut

Der Märzellerling ist ein wohlschmeckender und wertvoller Speisepilz.
Zumindest steht es in allen Pilzbüchern, daß er – der Märzellerling – ein Speisepilz sei. Er soll in Misch- und Nadelwäldern vorkommen, unter Weißtannen und Buchen, aber auch unter Fichten. Nun viel Glück! Wenn sie ihn finden, dann können Sie ihn verspeisen, dann ist der Märzellerling ein Speisepilz und Sie ein Glückspilz. Für die meisten Pilzsucher wird er aber verborgen bleiben und als Speisepilz nicht in Frage kommen.
Im Frühjahr, wenn es oft noch kalt ist, könnte der Märzellerling nicht wachsen, wenn er nicht unter einer schützenden Decke aus Fallaub, Nadelstreu, Moos und Erde verborgen wäre. Was ihn vor

96 Kirschroter Saftling

95 Wiesenellerling

dem Erfrieren schützt, schützt ihn auch gleichzeitig vor dem Gefundenwerden. Mäuse und Eichhörnchen scheinen ihn häufiger zu finden als wir Pilzsucher.

Wahrscheinlich ist der Märzellerling gar nicht selten und wächst recht häufig, aber eben im verborgenen.

Der Märzellerling bevorzugt Sandböden. In der Nähe von Weißtannen, dort, wo Laub- und Nadelhölzer gemeinsam wachsen, scheint er sich wohlzufühlen. Wenn man ihn finden will, muß man mit viel Geduld verdächtige Waldstellen vorsichtig absuchen. Dabei wird das Laub oder die Nadelstreu behutsam mit einem Stock durchsucht.

Der Pilz ist standorttreu. Hat man einmal eine oder mehrere Stellen gefunden, so kann man jedes Jahr mit einer Märzellerlingsmahlzeit rechnen.

Abb. 95 **Wiesenellerling**

Camarophyllus pratensis (Pers. ex Fr.) Kummer

Gattung Ellerlinge

Der Wiesenellerling ist leicht kenntlich. Er sieht aus wie ein Kreisel. Die Blätter laufen am dicken, in den Hut nahtlos übergehenden

97 Granatroter Saftling

Eßbar und gut

Stiel herab. Hut und Blätter sind gelb gefärbt. Die Blätter sind dick, am Grunde queradrig verbunden und stehen nicht dicht beieinander.
Der Pilz erreicht Durchmesser von 5 - 10 cm. Die Hutoberfläche ist glatt, glänzend und leicht gewölbt.
Der Wiesenellerling zeigt gewisse Parallelen zum Pfifferling, die auch dem Laien auffallen.
Der Wiesenellerling wächst im September - Oktober an Waldrändern, auf Wiesen; er kommt im Gebirge häufiger vor als in der Ebene. Er ist ein guter Speisepilz.

Kirschroter Saftling
Hygrocybe coccinea (Schff. ex Fr.) Kummer

Abb. 96

Gattung Saftlinge

Eßbar

Der Pilz ist relativ klein, 3 - 4 cm im Durchmesser, höchstens 6 - 7 cm. Er ist dünnfleischig, zerbrechlich und auffallend schön kirschrot gefärbt. Jung ist der Hut halbkugelförmig. In diesem Zustand sieht der Pilz aus wie eine ins Gras gefallene Kirsche. Erst später wird der Hut flacher bis leicht gebuckelt. Die Hutoberfläche ist glatt, etwas feucht, nicht direkt schmierig.
Der ältere Pilz verblaßt in der Farbe, die Hüte reißen ein. Auch der Stiel ist glatt und rot gefärbt. Die Blätter sind etwas heller als der Hut, dick, entfernt und am Stiel angewachsen.
Der Kirschrote Saftling wächst im Herbst auf Wiesen, Wegrändern und lichten Waldstellen. Er ist relativ häufig. An und für sich ist

dieser Saftling eßbar, aber als Speisepilz nicht sonderlich interessant.
Die Saftlinge sind fast alle recht farbenfrohe Pilze und zum Teil schwer voneinander zu unterscheiden. Es gibt bei uns in Mitteleuropa etwa 50 verschiedene Arten.

Abb. 97 **Granatroter Saftling**
Hygrocybe punicea (Fr.) Kummer

Der Granatrote Saftling ist der größte Saftling. Er ist dickstielig, granatrot, hat dicke, gelbe, entfernt stehende Blätter, einen faserigen roten Stiel und wächst im Herbst auf Wiesen. Er ist eßbar. *Eßbar*

8.1.2.8. Familie Zähblättler
Lentinaceae

Die Gattungen und Arten dieser Familie zeigen untereinander teilweise nur wenig Verwandtes. Viele von ihnen haben seitliche, also keine zentralen Stiele oder gar keine Stiele. Manche bilden nicht nur zähe, sondern beinahe holzige Fruchtkörper aus. Die Sporen sind in den meisten Fällen weiß, allenfalls rosa. Die Blätter laufen an den Stielen herab oder treffen sich beim Fehlen der Stiele in einem Punkt. Die Fruchtkörper sind oft muschelförmig, lappig oder sonst unregelmäßig ausgebildet.
Man kann viele Arten dieser Familie auch zu den Porlingen (Polyporaceae) zählen, zu denen sie nicht nur rein äußerliche Beziehungen haben. Es scheint für den Hobbymykologen aber doch praktischer zu sein, sie in einer, wenn auch künstlich anmutenden Familie zusammenzufassen.

Die wichtigsten Gattungen dieser Familie sind:

Seitlinge *(Pleurotus)*
Knäuelinge *(Panus)*
Zwergknäuelinge *(Panellus)*
Sägeblättlinge *(Lentinus)*
Spaltblättlinge *(Schyzophyllum)*

Die **Seitlinge** tragen die Stiele seitlich.

Knäuelinge sind Pilze, die büschelig-rasig an Hölzern wachsen und muschelförmige bis trichterförmige Fruchtkörper bilden.

Die **Sägeblättlinge** haben sägezahnartig gekerbte Blätter, wachsen meist auf Holz und sind von zäher Konsistenz.

Die **Spaltblättlinge** haben geteilte Blätter. Die Lamellenscheide ist längs gespalten, so als wären die Lamellen aus zwei parallelen Blättern zusammengesetzt. Die Spaltbreite verändert sich mit der Feuchtigkeit.

Die **Zwergknäuelinge** zeigen Verwandtschaft zu den Ritterlingsartigen Pilzen und werden im natürlichen System der Pilze auch dort aufgeführt.

Austernseitling *Abb. 98*
Pleurotus ostreatus (Jacq. ex Fr.) Kummer

Gattung Seitlinge

Eßbar

Der Austernseitling bildet muschelförmige Fruchtkörper; die meist runden Hüte sind flach und leicht tütenförmig zusammengerollt und enden oder entspringen einem seitlichen Stiel. Die Hüte sind dachziegelartig neben- und übereinander angeordnet, da der Pilz büschelig wächst. Die Pilze sind mittelgroß.
Die Hutoberfläche ist glatt und glänzend. Die Farbe ist sehr veränderlich und wechselt je nach Holzart, auf der der Pilz wächst, zwischen blauschwarz bis grünlich und hellgrauen Tönen. Die Blätter sind weiß, stehen eng und laufen am Stiel herab. Der Stiel selbst ist weiß bis bräunlich, kurz, aber dick. Am Stielgrund sind die Stiele miteinander verwachsen.
Die Sporen sind weiß bis leicht rötlich. Der Pilz wächst im Herbst und Frühling an Baumstümpfen, meist an Laubhölzern. Er kommt auch an lebenden Bäumen vor.
Der Austernseitling ist bei der Holzauswahl nicht kleinlich. Nebenstehende Aufnahme wurde in Österreich am Rand einer Kneipp-Anlage aufgenommen. Das Hinweisschild der Anlage bestand im

98 Der Austernseitling wächst auf allen möglichen Holzunterlagen, hier auf einer Preßspanplatte.

wesentlichen aus einer Preßspanplatte, aus der eine schöne Gruppe von Austernseitlingen herauswuchs.
Da der Austernseitling auf beinahe allen Holzunterlagen wächst, besteht die Möglichkeit, ihn zu züchten. Dabei haben tüchtige Marketing-Leute einen neuen Namen für den Pilz gesucht. Unter dem Begriff ›Kalbfleisch‹-Pilze werden sowohl geimpfte Substrate zum Selberzüchten als auch die Pilze selbst verkauft.
Der Austernseitling ist jung ein guter Speisepilz, ältere Pilze sind zäh.

Abb. 99 **Gelbstieliger Muschelseitling**
Hohenbuehelia serotina (Schrad. ex Fr.) Sing.

Eigene Gattung

Ungenießbar

Die Muschelseitlinge *(Hohenbuehelia)* wurden von den eigentlichen Seitlingen wieder abgetrennt und den *Tricholomataceae* zugeordnet. Die Muschelseitlinge zeigen Parallelen zu den Ritterlingsähnlichen Pilzen.
Wenn man dem Gelbstieligen Muschelseitling begegnet, ist man von seinem Aussehen überrascht, er macht einen etwas exotischen Eindruck.
Der Hut ist muschelförmig, 5 - 10 cm groß, gelbgrünlich, etwas schmierig und relativ dickfleischig. Die Blätter sind gelblich, angewachsen und dicht.
Der Stiel ist kurz, 2 cm, und fast so dick wie lang. Er ist schön auffallend gelb gefärbt.
Der Gelbstielige Muschelseitling wächst im Spätherbst an Stämmen, in der Regel an Laubhölzern.
Als Speisepilz ist der Pilz uninteressant und bedeutungslos.

Abb. 100 **Aniszähling**
Lentinellus cochleatus (Pers. ex Fr.) Karst.

Gattung Zählinge

Jung eßbar

Dieser Zähling hat gekerbte, sägezahnähnliche Blätter, trotzdem ist er kein Sägeblättling. Allerdings ist er mit diesen verwandt und zählt zur Familie der Zähblättler.
Der Pilz ist zähe, bildet trichterförmige, löffelartige, sehr verschieden gestaltete Fruchtkörper, riecht intensiv nach Anis, hat gekerbte herablaufende Blätter und wächst auf Holzstämmen. Die Hüte sind braun und die Blätter gelblich bis schmutzig-gelb gefärbt. Die Stiele sind rotbraun, runzelig bis gefurcht, 3 - 5 cm lang und ca. 0,5 cm dick. Die einzelnen Stiele sind oft miteinander verwachsen. Man kann diesen Pilz nicht verwechseln.
Er kommt im Sommer und Herbst auf Laubhölzern vor. Der Aniszähling wächst büschelig bis rasig und ist häufig.

99 Gelbstieliger Muschelseitling

Wegen seiner Zähigkeit kann er allenfalls jung in Mischgemüsen oder als Gewürzpilz verwendet werden. Da der Geschmack sehr intensiv ist, sollte man diesen Pilz nicht in großen Mengen verwenden.

Den Zählingen ähnlich sind die Sägeblättlinge, die, wie bereits erwähnt, gezähnte Blätter haben. Ein schöner, wenn auch seltener Vertreter dieser Gattung ist der **Harzige Sägeblättling** *(Lentinus adherens)*, der beinahe wie ein Pfifferling aussieht, aber auf Holz

100 Aniszähling

wächst und ein klebriges Harz ausscheidet. Ein anderer Sägeblättling, den man häufiger findet, ist der **Schuppige Sägeblättling** *(Lentinus lepideus),* der auf Balken und Eisenbahnschwellen wächst. Sein Hut ist gelblich, schuppig und wird bis zu 10 cm breit.

8.1.2.9. Familie Haarschleierpilze

Cortinariaceae
(Schleierblättler, Schleierlinge)

Diese Familie ist riesengroß und schwer überschaubar. Die zahlreichen Gattungen sind auch für den fortgeschrittenen Pilzkenner nicht ohne weiteres voneinander zu trennen. Die Bestimmung der Arten ist noch schwieriger. Da es über die Familie der Haarschleierpilze auch wenig spezielle Literatur gibt, hat der Pilzamateur große Schwierigkeiten, sich entsprechende Kenntnisse anzueignen.
Haarschleierpilze sind der Schrecken der Pilzberater. Hier muß meistens gepaßt werden. Vielleicht kommt dies auch daher, daß es unter den Schleierlingen nicht sehr viele Speisepilze gibt, so daß das Interesse, sich mit diesen Pilzen zu befassen, nicht allzugroß ist.
Die Haarschleierpilze haben ton-, erd- bis rostbraune Sporen und sind beschleiert oder unbeschleiert.
Das Velum partiale, das die Blätter schützt und sich zwischen Hutrand und Stiel befindet, besteht aus spinnwebartigen Fäden (Cortina). Beim Aufschirmen des Hutes zerreißt dieser Schleier und hinterbleibt am Hutrand oder am Stiel als zum Teil nur mit der Lupe erkennbarer Saum oder Ring. Der Ring ist aber nicht zu verwechseln mit der Manschette der Freiblättler oder dem häutigen Rand der Schüpplinge und Flämmlinge. Vielmehr bilden die zarten Fäden am Stiel eine mehr oder weniger sichtbare Zone, die oft durch herabfallende Sporen, die an den Fäden hängenbleiben, verfärbt ist.
Zu den Haarschleierlingen gehören weltweit mehr als 1000 verschiedene Arten. Sie sind die größte Familie, die wir bei den Blätterpilzen kennen. Da viele Arten nur an bestimmten Stellen wachsen und überdies nicht jedes Jahr vorkommen, also sehr selten sind, ist es sehr schwer, überhaupt alle Arten zu erfassen.

Folgende Gattungen zählen zu den Haarschleierpilzen:

Rißpilze *(Inocybe)*	Die Pilze dieser Gattung werden auch Faserköpfe oder Wirrköpfe genannt. Die Huthaut ist rissigfaserig, seidig glänzend. Der Schleier ist mit der Huthaut verwachsen. Viele Rißpilze sind stark giftig.

Fälblinge *(Hebeloma)*	Zum Teil sehr kräftige Pilze mit fahlem, falbem Hut. Die Lamellen sind hellgraubraun bis kakaobraun. Ein Velum ist teilweise vorhanden. Die Lamellen sind meist abgerundet angewachsen, nie herablaufend. Fälblinge wachsen auf der Erde.
Weißfälblinge *(Hebelomina)*	Ähnlich *Hebeloma*
Erlenschnitzlinge *(Naucoria)*	Kleine trockene Pilze, braun, faserig, unter Erlen, mit oft flüchtiger Cortina
Tannenflämmlinge *(Gymnopilus)*	Mit oder ohne Ring, glatte meist gelbe bis braune Hüte, Sporen rostbraun, auf Holz
Hautköpfe *(Dermocybe)* Haarschleierlinge *(Cortinarius)*	Schleierlinge im engeren Sinne
Schleierritterlinge *(Leucocortinarius)*	Haarschleierpilze mit weißen Lamellen (nur eine Art)
Reifpilz *(Rozites)*	Zu dieser Gattung zählt nur eine Art
Wurzelschnitzlinge *(Phaeocollybia)*	Knorpelige, ›wurzelnde‹ Arten
Häublinge *(Galerina)*	Kleine zarte Pilze, oft durchscheinend gerieft, Sporen goldgelb bis braun.

Den Haarschleierpilzen nahestehend ist die Familie der **Krüppelfüßchen** *(Crepidotaceae)*.
Diese Familie wird ihrerseits in neun Gattungen unterteilt. Es handelt sich bei den Pilzen dieser Familie um kleinere Arten. Die Stiele sind nicht immer zentral, sondern exzentrisch angesetzt oder fehlen.
Die Sporenfarbe ist creme, hellbraun bis stark braun. Die Pilze tragen vorübergehend ein häutiges oder spinnwebartiges Velum.

Die eigentlichen **Haarschleierpilze** *(Cortinarius)*, die der ganzen Familie den Namen gegeben haben, zeigen die typischen Merkmale am ausgeprägtesten. Die jungen Pilze sind durch einen fädigen Schleier verschlossen, der sich zwischen Hut und Stiel ausspannt. Die Fäden sind nicht miteinander verflochten. Schleierreste am Stielende oder am Hutrand sind leicht vergänglich, aber doch gut zu erkennen. Am Stiel sind diese Schleierreste durch aus-

fallende Sporen gefärbt. Diese Färbung zeigt ringartigen Charakter, da der Schleier ein ringähnliches Gebilde am Stiel hinterläßt.
Hat der Pilz zwei Hüllen, vergleichbar mit Gesamt- und Teilhülle bei Freiblättlern, bilden sich am Stiel zwei gefärbte ringartige Zonen.
Die Haarschleierlinge sind mittelgroße bis derbe Pilze, haben schlanke Stiele, aber auch verdickte Stielenden und sind ganz oder teilweise mit Schleim überzogen oder völlig trocken. Diese Eigenschaften haben Ricken veranlaßt, die eigentlichen Haarschleierlinge in Untergruppen einzuteilen. Diese Gruppen sind allerdings nicht so scharf voneinander abzugrenzen, daß man daraus selbständige Gattungen herleiten könnte. Die Merkmale sind nur an jungen Pilzen gut zu erkennen.

Unterteilung der Haarschleierlinge nach Ricken (1915):

Schleimfüße *(Myxacium)*	Stiel und Hut sind schmierig
Schleimköpfe *(Phlegmacium)*	nur der Hut ist schmierig
Dickfüße *(Inoloma)*	Stiel und Hut sind trocken; der Pilz ist derbfleischig
Hautköpfe *(Dermocybe)*	Stiel und Hut sind trocken, die Pilze sind dünnfleischig (eigene Gattung)
Gürtelfüße *(Telamonia)*	der Stiel ist durch ein zweites Velum gegürtelt. Die Pilze sind nicht schmierig, aber hygrophan
Wasserköpfe *(Hydrocybe)*	wie Telamonia, aber ohne Gürtel.

Die **Schleimköpfe** *(Phlegmacium)* wurden von Ricken noch weiter unterteilt. Je nach Beschaffenheit der Stielenden spricht man von

Klumpfüßen	Stielende gerandet-knollig, deutlich abgesetztes Stielende. Ansatz des Schleiers
Zwiebelfüßen	Stielende zwiebelig-knollig, nicht abgesetzt
Dünnfüßen	Stiel gleichmäßig dick.

Diese Einteilung ist nicht eindeutig genug. Es gibt deshalb von Julius Schäffer einen anderen Vorschlag für die Schleimköpfe:

	Stiel gerandet-knollig	Pilz zeigt violette Farben	Pilz zeigt Messingfarben	gegürtelt oder gestiefelt
Veilchenklumpfüße	+	+	–	–
Messingklumpfüße	+	–	+	–
Blaßblättrige Klumpfüße	+	–	–	–
Schmuckfüße	–	–	–	+
Nacktfüße	–	–	–	–

Diese Aufteilung ist bei der Bestimmung sicher hilfreich, aber nicht immer eindeutig oder zwingend.
Die Sporenfarbe der Haarschleierlinge reicht von honigfarben über gelbbraun-rotbraun bis rostbraun.
Die Ermittlung der Sporenfarbe ist für die Artenbestimmung unbedingt notwendig.
Unter den Schleierlingen gibt es nicht sehr viele gute Speisepilze. Lediglich bei den *Phlegmacien* werden einige Arten als sehr gut bezeichnet. Am bekanntesten ist der blaugestiefelte Schleimkopf (Schleiereule – *Phlegmacium praestans);* ein sehr guter Speisepilz ist auch *Phlegmacium varium* (Semmelbrauner Schleimkopf).

Bei den Dickfüßen gibt es keine bekannten Speisepilze, ebenso nicht bei den Hautköpfen, Gürtelfüßen und Wasserköpfen.
Dagegen ist bei den Hautköpfen ein tödlich giftiger Pilz bekannt geworden, der Orangefuchsige Hautkopf. Unsere Kenntnisse über die Genießbarkeit der Schleierlinge sind bei weitem nicht vollständig. Viele Arten werden in ihrem Speisewert mit ›unbekannt‹ charakterisiert. Der obengenannte Hautkopf wurde nur durch ein tragisches Ereignis als tödlich giftig erkannt. Seit dieser Zeit ist Zurückhaltung geboten beim Sammeln von Schleierlingen. Die bisweilen vertretene Meinung, die Arten dieser Gattung seien weder eßbar noch giftig, ist sicherlich nicht richtig.

Ziegelroter Rißpilz *Abb. 101*
Inocybe patouillardi Bres.

Gattung Rißpilze

Tödlich giftig!

Die Namen Ziegelroter Faserkopf oder Mairißpilz bringen zum Ausdruck, daß dieser Pilz schon sehr früh im Jahr erscheint und wie fast alle Rißpilze einen faserigen Hut trägt.
Jedermann, der diesen Pilz nicht kennt und ihm zum erstenmal begegnet, erkennt ihn zunächst nicht. Man erwartet einen Pilz, der rötlich verfärbt. Falsch! Der Ziegelrote Rißpilz ist weiß bis weißgelblich, genau wie der Maipilz, und wird beim Durchbrechen erst nach vielen Stunden ziegelrot. Höchstens alte Exemplare oder schon lange verletzte Pilze haben schon direkt die ziegelrote Farbe. Die abgebildeten Exemplare zeigten ihre verräterische Farbe nach 24 Stunden, also erst am nächsten Tag.
Die Rißpilze sind oft klein und dünnfleischig. Dieser hier ist relativ groß und kräftig. Aus diesen Gründen können Verwechslungen mit dem Mairitterling vorkommen. Da der Ziegelrote Rißpilz äußerst giftig ist, ist deshalb größte Vorsicht geboten.
Der Hut ist, wie bereits erwähnt, weiß bis strohgelb, jung kegelig, im Alter flach. Der Rand ist anfangs eingerollt. Die Hutoberfläche ist längsfaserig. Der Pilz erreicht Durchmesser von nahezu 10 cm. Ältere Exemplare zeigen eine braunrötliche Färbung.

101 Ziegelroter Rißpilz

Die Blätter sind grau-erdbraun, weiß-schneidig, am Stiel angeheftet, später frei. Druckstellen verfärben sich rötlich.

Der Stiel ist weißlich, im Alter ziegelrot, faserig, kräftig, schwach knollig. Das Fleisch ist weiß und verfärbt sich langsam rötlich.

Der Ziegelrote Rißpilz erscheint bereits Ende Mai bis Juli, er wächst in Wäldern, Parks, an Waldrändern und auf Wiesen. Man findet ihn gerne in kalkigen Gegenden.

Er ist sehr giftig. Der Giftstoff ist Muskarin. Davon enthält der Ziegelrote Rißpilz 20mal soviel wie der Fliegenpilz. Die Vergiftungserscheinungen beginnen bereits eine halbe Stunde bis 1 Stunde nach dem Genuß des Pilzes. Es zeigen sich Speichelfluß, Schweißausbruch, Schüttelfrost und Gesichtsrötung. Es folgen Durchfall, Sprech- und Sehstörungen. Das Pilzgift kann bei der starken Konzentration tödlich wirken. Der Tod erfolgt durch Herzlähmung. Bei den ersten Vergiftungserscheinungen ist sofort ein Arzt zu rufen, der für eine Magen- und Darmentleerung sorgt und wahrscheinlich ein Gegengift, Atropin, spritzt.

102 Kegeliger Rißpilz

Kegeliger Rißpilz *Abb. 102*

Inocybe fastigiata (Schff. ex Fr.) Quel.

Gattung Rißpilze

Giftig!

Der Kegelige Rißpilz hat die für die meisten Rißpilze typische kegelige zugespitzte oder gebuckelte Hutform. Die faserige Struktur der Hutoberfläche ist gut erkennbar. Wie die meisten Rißpilze ist auch dieser giftig.

Der Kegelige Rißpilz wächst im Sommer und Herbst in Laub- und Nadelwäldern, aber auch an Waldrändern und auf Wiesen.

Die strohgelbe bis gelbbräunliche Farbe des Hutes trägt dazu bei, daß man diesen Pilz leicht erkennt. Der Hut reißt (Rißpilz!) leicht ein, die Blätter sind gelb bis braun und der Stiel ähnlich gefärbt und strukturiert wie der Hut.

Im allgemeinen fällt es schwer, die annähernd 100 Rißpilzarten ohne besonderes Studium auseinanderzuhalten. *Fastigiata* macht eine Ausnahme, er ist fast noch leichter zu erkennen als der gefürchtete Ziegelrote Faserkopf.

Rettich-Fälbling *Abb. 103*

Hebeloma sinapizans (Pauletex Fr.) Gill.

Gattung Fälblinge

Ungenießbar

Jedesmal, wenn man einen stattlichen Fälbling findet, ärgert man sich, daß es eben nur ein Fälbling ist. Beim Anblick eines großen Fälblings meint man zunächst von weitem, es handle sich um einen

Speisepilz, vielleicht um einen Steinpilz oder eine Marone, einen Birkenpilz oder irgendeinen Ritterling, obwohl man sofort sieht, daß die falbe, hellbraune Farbe zu den genannten Pilzen gar nicht paßt. Ganz davon abgesehen, daß die Blätter hellbraun bis tonbraun sind. Spätestens beim Blick auf die Blätter wird klar, hier handelt es sich um einen Fälbling. Er zählt zwar zu den Haarschleierlingen, aber ein Schleier oder Schleierrest ist nicht zu bemerken.

Die Fälblinge sind keine Speisepilze. Der Rettich-Fälbling riecht nach Rettich und ist ungenießbar. Der Tränende Rettich-Fälbling ist nur in kleinen Mengen zu empfehlen, also bedingt eßbar, der Kakao-Fälbling ist bitter und ebenfalls ungenießbar.

Der Hut des Rettich-Fälblings ist derb und dickfleischig, wird bis zu 15 cm breit und ist jung gewölbt. Der Hutrand ist anfangs eingerollt, später ist der Hut flach, meist gebuckelt. Die Blätter stehen dicht und sind ausgebuchtet angewachsen. Die Hutfarbe ist lehmfarben bis leicht gelb-rötlich, die Mitte ist etwas dunkler, die Hutoberfläche leicht schmierig. Der Stiel ist weißlich und mit etwas abstehenden, faserigen bräunlichen Schuppen besetzt. Der Stiel ist hohl. Beim Halbieren des ganzen Pilzes beobachtet man, daß vom Hutfleisch ein Zapfen in den hohlen Stiel hineinragt.

Der Rettich-Fälbling wächst im Herbst an grasigen Stellen in Laub- und Nadelwäldern; er ist häufig.

Ähnlich ist der Tränende Rettich-Fälbling *(Hebeloma crustuliniforme)* mit tränenden Blättern. Der Kakao-Fälbling *(Hebeloma Iinuosum)* ist ockerbräunlich, mehr halbkugelig und riecht nicht nach Rettich, sondern süßlich, kakaoähnlich.

Fälblinge sind weit verbreitet. Die meisten Arten riechen mehr oder weniger nach Rettich. Man unterscheidet ca. 50 Arten.

Abb. 104

Reifpilz — Zigeuner

Rozites caperata (Pers. ex Fr.) Karst.

Eigene Gattung

Wohlschmeckend

Ein Pilzsammler muß den Reifpilz kennen. Er ist ein hervorragender Speisepilz und zählt zweifellos zu unseren besten Pilzen. Seine geringe Popularität ist an und für sich unverständlich, in jedem Pilzbuch wird er beschrieben, und einfach zu erkennen ist er auch. Wer ihn einmal gesammelt hat, kann sich leicht wieder an ihn erinnern und ihn erneut richtig bestimmen. Schon von weitem erkennt man ihn, den Reifpilz. Der gelbe bis hellbraune Hut ist silbrig überreift. Eine ursprüngliche allgemeine Hülle hinterläßt auf dem Hut feinste, anfangs violette Schüppchen, die den Eindruck, als wäre der Pilz überreift, erwecken. Bis zu 10 cm breit wird der Hut, der aber im Alter zerreißt und einen unordentlichen Anblick bietet. Anfangs ist der Hut halbkugelig bis glockig, später wird er flacher und verbiegt sich schließlich am Rand nach oben. Die

103 Rettich-Fälbling. In den hohlen Stiel ragt ein Zapfen vom Hut herein.

Reste eines Schleiers sind am Hutrand als kurzer Saum, mindestens beim jungen Pilz, sichtbar.
Der Stiel ist weiß, seidig, feinfaserig und trägt einen gut sichtbaren Ring oder Reif, der vom Stiel absteht oder herabhängt.
Die Blätter sind blaß bis lehmfarben, an der Schneide gekerbt und stehen eng.
Das Fleisch ist weiß bis gelblich-rötlich und zeigt lila Töne; es schmeckt mild und riecht angenehm und macht einen wäßrigen Eindruck. Der Hut ist nicht vollfleischig, eher dünnfleischig.

104 Reifpilz

Wegen seines wechselhaften veränderlichen Aussehens – zerrissener Hut, glockig, später hochgebogen – heißt der Reifpilz auch Zigeuner. Da der Hut nicht glatt, sondern runzelig oder faltig erscheint und der ganze Pilz den Schüpplingen ähnelt, nennt man ihn mit einem weiteren Namen auch Runzel-Schüppling.
Man findet den Zigeuner im Sommer und Herbst in Nadelwäldern, besonders an lichten Stellen, bevorzugt in sandigen Böden. Er wächst meist in Gruppen.
Leider ist der Reifpilz häufig madig. In Mischgemüsen, aber auch allein zubereitet, schmeckt er hervorragend.
Verwechseln könnte man den Runzel-Schüppling mit anderen Schüpplingen oder Haarschleierlingen.

Abb. 105 **Geflecktblättriger Tannenflämmling**
Gymnopilus penetrans (Fr. ex Fr.) Murr

Gattung Tannenflämmlinge

Ungenießbar

Man unterscheidet ca. 15 Arten dieser Gattung. Die Pilze sind in der Regel fleischig, haben Hüte mit gelben bis orangebraunen Farben, einige Arten haben einen beringten Stiel, die Sporen sind rostbraun. Tannenflämmlinge wachsen vorwiegend auf Holz, aber auch auf der Erde, meist in Gruppen. Man findet sie bis in den Spätherbst hinein, wenn schon der erste Schnee fällt. Die Tannenflämmlinge sind ungenießbar bitter und daher für den Speisepilzsammler ohne

105 Geflecktblättriger Tannenflämmling

106 Blutblättriger Hautkopf

Interesse. Kennen sollte man diese Gattung, da man sonst nicht sicher vor Verwechslungen beim Sammeln anderer holzbewohnender Pilze ist.
Der Hut des *Gymnopilus penetrans* ist gelblich, braungelb, glatt, leicht gewölbt bis flach und bis zu 6 cm breit. Die Blätter sind ähnlich gefärbt wie der Hut, etwas heller. Sie sind schmal, angewachsen bis herablaufend und im Alter dunkler gefleckt. Die Stiele sind hell, unten braun, oben gelb, faserig mit vergänglichem weißem Schleier. Das Fleisch ist weiß gelblich und verfärbt sich in Lauge schwarz.
Auf bemoosten Baumstümpfen und dazu bei leichtem Schnee bilden die Tannenflämmlinge malerische Gruppen. Laufen Sie nicht achtlos daran vorbei.

Blutblättriger Hautkopf *Abb. 106*
Dermocybe semisanguinea (Fr.)Mos.

Gattung Hautköpfe

Ungenießbar

Der Pilz ist als Hautkopf leicht zu erkennen. Jung ist der Hut durch einen Schleier mit dem Stiel verbunden. Der aufgespannte Hut ist flach, dünnfleischig und deutlich gebuckelt. Die Hutoberfläche ist faserig und braun bis dunkelbraun gefärbt. Die Farbe des Hutes ist sehr veränderlich. Die Blätter sind am jungen Pilz purpurrot, später zimtbraun. Der Stiel ist dünn und braungelb.
Der Blutblättrige Hautkopf ist mittelgroß, bis zu 7 cm breit und kommt in Laub- und Nadelwäldern häufig vor.
Diesem Pilz sehr ähnlich sind mehrere andere Hautköpfe, wie der Gelbblättrige Hautkopf *(D. cinnamomea lutescens)* und der Zimtbraune Hautkopf *(D. cinnamomea)* sowie der Blutrote Hautkopf *D. sanguinea)*.

Die Hautköpfe sind ungenießbar. Vor ihrem Genuß ist ausdrücklich zu warnen.

Der Orangefuchsige Hautkopf *(D. orellana)* ist tödlich giftig. Seine Giftigkeit wurde erst 1955 erkannt. Die Giftwirkung dieses Pilzes kommt erst mehrere Tage nach dem Genuß zum Ausdruck. Die Inkubationszeit ist extrem lang. Es treten Nieren- und Leberschadigungen auf, die zum Tode führen können.

Der Orangefuchsige Hautkopf ist schön orangefuchsig gefärbt, mit gelbem Stiel und rostfarbenen, entfernt stehenden Blättern.

Da gerade die Genießbarkeit der Haarschleierlinge nicht hinreichend bekannt ist, ist es nicht ausgeschlossen, daß von dieser Familie noch mehr Giftpilze bekannt werden.

Abb. 107 **Schleiereule/Blaugestiefelter Schleimkopf**
Phlegmacium praestans (Cord.) Gill.

Gattung Haarschleierlinge

Dieser Pilz ist der größte Schleierling, den wir kennen. Der junge Pilz durchbricht in einen dichten weiß-bläulichen Schleier eingehüllt den Boden. Nur der junge braune Hut schaut aus diesem Schleier wie ein Eulenauge hervor. Der Hut wird bis zu 25 cm breit,

107 Schleiereule

ist braun und zeigt oft noch kleine Reste des Schleiers. Die Blätter sind anfangs grau-weißlich bis blaßviolett, schließlich rostbraun; sie stehen eng und haben eine gekerbte Schneide.
Der Stiel ist bis zu 15 cm lang und bis zu 6 cm dick. Die Stielbasis ist verdickt zu einer breiten Knolle. Das Fleisch ist im Stiel bläulich. Die bläuliche Farbe blaßt aus, ähnlich wie der Schleier selbst. Die Schleiereule liebt kalkhaltige Böden, erscheint im Herbst in Laub- und Nadelwäldern und ist in vielen Gegenden selten. Der Blaugestiefelte Schleimkopf ist unter den Schleierlingen der beste Speisepilz, der ohne weiteres mit dem Steinpilz konkurrieren kann.

Wohlschmeckend

Semmelbrauner Schleimkopf
Phlegmacium varium Fr.

Abb. 108

Unter den Schleierlingen gibt es nicht viele gute und bekannte Speisepilze. Einer der besten davon ist der Semmelbraune Schleimkopf. In kalkigen Gegenden wächst er im Herbst in Nadelwäldern an lichten Stellen. Er tritt selten einzeln auf, meistens erscheint er truppweise. Außerdem ist er sehr standorttreu. Hat man einmal den Mut gefunden, ihn zu sammeln, und kennt man einige Plätze,

Gattung Haarschleierlinge

Eßbar und gut

108 Semmelbrauner Schleimkopf

kann regelmäßig und jedes Jahr mit zahlreichen Exemplaren gerechnet werden. Der Pilz ist sehr schnittfest und vollfleischig. Obwohl er ein Schleimkopf ist, bleibt er beim Zubereiten fest und wird nicht weich und schlunzig. Da er selten madig ist, macht es mehr Freude, ihn zu finden, als der Fund manches anderen bekannteren Speisepilzes.

Die Bezeichnung ›Semmelbraun‹ ist sehr zutreffend. Der kräftige Hut, der bis zu 10 cm Durchmesser erreichen kann, ist gelb bis hellbraun. Die Mitte ist dunkler, beinahe rotbraun gefärbt. Der junge Pilz hat einen halbkugeligen Hut, der später flacher wird und leicht gewölbt ist. Der Rand ist zunächst eingerollt und trägt einen leichten faserigen Schleier. Die Hutoberfläche ist schleimig, schmierig (Schleimkopf).

Sehr typisch ist die violette Farbe der jungen Blätter. Später werden diese etwas bräunlicher, ohne daß die violette Farbe ganz verschwindet. Am Stiel sind die dünnen, engstehenden Blätter ausgebuchtet angewachsen. Das Fleisch ist weiß bis gelb. Die Stiele sind am Fuß zwiebelig verdickt, nach oben verjüngt, weiß bis bräunlich, kräftig und bis zu 8 cm hoch.

Der Semmelbraune Schleimkopf kann mit anderen Schleierlingen verwechselt werden. Allerdings sind die Farben des Hutes und der Blätter recht charakteristisch.

Abb. 109

Lila Dickfuß

Phlegmacium traganum Fr.

Gattung Haarschleierlinge

Schwach giftig!

Dieser Pilz ist sehr auffallend. Er ist kräftig, fleischig, trägt einen derben Hut und hat einen dicken Stiel. Die violette Hutfarbe sticht ins Auge, ebenso der Schleier, der sich zwischen Hutrand und Stiel aufspannt. Die Blätter sind violettbraun, engstehend und angewachsen. Das Fleisch ist gelb-braun und hat einen unangenehmen gasigen Karbidgeruch. Der Lila Dickfuß ist schwach giftig.

Der zunächst violette Hut erreicht Größen von mehr als 10 cm, die Hutfarbe wechselt allmählich ins Bläuliche oder Gelbliche. Die Hutoberfläche ist trocken, seidig und trägt Velumreste, der Rand ist faserig behangen.

Der Stiel ist oben schön violett, das Velum ist ausgeprägt und bildet gürtelartige Zonen; das Stielende ist zwiebelig verdickt, der Schleier violett.

Der Lila Dickfuß wächst im Nadelwald vom Juli bis September. Man findet ihn in sandigen Wäldern häufiger als auf festen Böden.

Insgesamt ist der Lila Dickfuß ein imposanter Pilz. Auch wenn er nicht eßbar ist, lohnt es sich, ihn kennenzulernen, schon allein, um beim Sammeln von violetten Ritterlingen keine Verwechslungen vorzunehmen.

109 Lila Dickfuß

Familie Tintlingsartige Pilze **8.1.2.10.**
Coprinaceae

Pilze leben von der organischen Substanz toter oder lebender Organismen, die sie in mineralische Bestandteile zerlegen.
Tintlinge machen dabei vor der Zersetzung ihrer eigenen Fruchtkörper nicht halt. Die außerordentlich kurzlebigen Pilze zerfließen schon wenige Stunden oder Tage nach ihrem Erscheinen zu einer dunklen, tintenähnlichen dicken Flüssigkeit. Auch die übrigen zu den Tintlingsartigen Pilzen zählenden Gattungen sind kurzlebig. Dieses Verhalten und die dunklen, praktisch schwarzen Sporen lassen die Tintlinge recht gut erkennen.

Die Familie der Tintlingsartigen Pilze kann in folgende Gattungen unterteilt werden:

Gattung Tintenpilze
Coprinus

Kurzlebig, selbstzersetzend, tintenähnlich zerfließend, kegelig-glockige Hüte, meist graue Hutfarbe, Hut faltig-strahlig; freistehende bis angewachsene Blätter, Blätter dünn, zunächst hell, dann rosa bis schwarz, Sporen schwarz; teilweise schuppig zerfallendes Gesamtvelum; der Schopftintling ist eßbar und gut, die übrigen Tintlinge sind als Speisepilze nicht interessant. (Vorsicht bei gleichzeitigem Alkoholgenuß!)

Gattung Faserlinge
Psathyrella (Saumpilze, Zärtlinge, Glimmerköpfchen)

Schlanke, zarte, zerbrechliche Pilze, kegelig-glockige Hüte, nicht gefaltet wie bei Tintlingen, dünnhäutig, zart gerieft, teilweise mit Velum behangen, Blätter reifer Pilze braun-schwarz bis schwarz, nicht zerfließend.
Da diese Pilze sehr dünnfleischig sind, kommen sie als Speisepilze meist nicht in Frage. Giftige Arten sind allerdings nicht bekannt. Der Lilablättrige Saumpilz *(Psathyrella candolleana)* gilt als guter Suppenpilz.

Gattung Düngerlinge
Panaeolus

Genau wie die Tintlinge und Saumpilze haben auch die Düngerlinge schwarze Sporen. Die Pilze sind klein und schlank, aber nicht zerbrechlich, sondern fest. Sie wachsen meist auf Mist.

Die Düngerlinge haben gescheckte Blätter, da die Sporen nicht gleichzeitig auf der gesamten Blattfläche reif werden. Die Pilze haben keinen Schleier und keine beringten Stiele.

Ringdüngerlinge *(Anellaria)* tragen einen vergänglichen Ring und stehen der Gattung *Stropharia* nahe.

Heu-Düngerlinge *(Panaeolina)* haben dunkelrotbraune – keine schwarzen – Sporen, rotbraune Blätter und rötlich braune Hüte. Sie wachsen auf Wiesen.

Abb. 110, 111

Schopftintling — Spargelpilz
Coprinus comatus (Müll. in Fl. Dan. ex Fr.) S.F. Gray

Eßbar und gut

Vorsicht bei Alkoholgenuß

Er wächst nicht einzeln, sondern beieinander. Der Schopftintling hat einen hohen zylindrischen Hut, der sich dicht an den Stiel anschmiegt, so daß der Stiel fast ganz vom Hut umschlossen wird. Bis zu 20 cm hoch können Hut plus Stiel werden, manchmal noch höher. Der walzenförmige Hut trägt viele leicht abstehende Schuppen, so daß es nur an der Spitze noch eine glatte Hutoberfläche gibt. Die Farbe ist ein reines Weiß, die Schuppen sind teilweise leicht bräunlich gefärbt. Dort, wo der Hut am Stiel anliegt, tritt sehr bald eine rötliche Verfärbung auf. Allmählich hebt sich der Hut vom Stiel ab, er will aufschirmen. Aber so weit kommt es nicht. Sehr rasch verfärbt sich das rote Hutende schwarz und zer-

110 Junge Schopftintlinge

111 Der reife Schopftintling zerfließt zu einer schwarzen Masse.

fließt zu einer schwarzen Brühe, die allmählich abtropft, bis noch der Stiel übrig ist.
Die Blätter sind dünn, dicht und ebenfalls weiß. Aber auch s verfärben sich von unten nach oben rot, werden schwarz und löse sich auf. Die Sporen werden mit der abtropfenden Flüssigkeit abgegeben.
Schon im frühen Sommer kann man den Schopftintling beobachten. Er bevorzugt Rasen, Sportplätze, Schutthalden, Straßenränder usw., er scheint den Wald zu meiden.
Ganz junge, noch nicht verfärbte Pilze sind eßbar und gut. Man muß den Pilz allerdings sehr bald verwenden, vor der beginnenden Zersetzung.
Dem Schopftintling ähnlich ist der silbergrau bis grau gefärbte Faltentintling *(Coprinus atramentarius)*. Dieser bildet büschelig verwachsene, faltige Fruchtkörper und ist jung ebenfalls eßbar.
Alle Tintlinge entwickeln zusammen mit Alkohol eine Giftwirkung. Vor und nach dem Genuß von Tintlingen sind deshalb alle alkoholischen Getränke zu meiden. Rötungen des Gesichtes, die sich über den ganzen Körper ausbreiten können, sind Anzeichen dieser Giftwirkung. Sehstörungen, Herzklopfen, Schwierigkeiten beim Sprechen folgen. Die Symptome verschwinden wieder, treten aber bei erneutem Alkoholgenuß eventuell wieder auf. Die Vergiftung kann durchaus schwere Formen annehmen.

112 Glimmertintling

Abb. 112 **Glimmertintling**
Coprinus micaceus (Ball. ex Fr.) Fr.

Gattung Tintlinge
Jung eßbar

Vorsicht bei Alkoholgenuß

An morschen Stümpfen bricht der Glimmertintling zu Hunderten büschelig aus dem Boden. Aber auch unter Hecken, in Parks und auf der nackten Erde tritt er auf. Offenbar kann er alle möglichen Substrate verwerten. Daß es sich um Tintlinge handelt, erkennt man sofort. Ist kein Exemplar dabei, das bereits zerfließt, so findet man bestimmt einige, die Anzeichen dafür zeigen.
Der Glimmertintling ist relativ klein, bis zu 4 cm werden die Hütchen groß. Die gelbbraunen Hüte sind im Scheitel dunkler und mit glimmerigen Körnchen besetzt. Außerdem finden sich auf der Oberfläche weiße Flöckchen, die Überreste einer vergänglichen Hülle. Die Hüte sind gerieft bis gefurcht, glockig, im Alter seitlich geschlitzt oder aufgerissen und am Rand leicht nach oben gebogen. Die Blätter sind weiß, später schwarz, bei feuchtem Wetter schnell zerfließend. Die Stiele sind ebenfalls weiß, seidig glatt, hohl, in der Mitte manchmal knotig verdickt.
Der Pilz erscheint schon im Mai, man findet ihn bis in den Herbst.
Er ist jung eßbar, jedoch wirkt er giftig bei Alkoholgenuß. Der Glimmertintling zerfließt langsamer als der Schopftintling.
Das Zerfließen der Tintlinge hat wohl nicht den Zweck, die eige-

nen Fruchtkörper vorzeitig zu zerstören, sondern ist eine besondere Methode des Sporentransports. Die Tintlinge verlassen sich nicht auf den Wind. Die Tropfen werden von allem möglichen Getier durch Berührung weitergetragen.

Dunkler Düngerling
Panaeolus fimicola (Fr.) Gill.

Abb. 113

Gattung Düngerlinge

Geringwertig

Von April bis Oktober trifft man auf grasigen Stellen, auf Wiesen und in Rasen sehr häufig Gruppen des Dunklen Düngerlings. Die feuchten, dunkelbraunen, runzeligen und schleimigen Hütchen sind glockig und sitzen auf hohen, dünnen, gebrechlichen Stielen. Der Stiel ist hellbräunlich bis beinahe weiß und mit einem vergänglichen Reif überzogen. Die Blätter sind nicht einfarbig, sondern scheckig, da die Sporen nicht gleichzeitig reif werden.
Man kann diese Düngerlinge leicht mit anderen Arten der gleichen Gattung verwechseln. Die Düngerlinge sind geringwertig und keine Speisepilze.

113 Dunkler Düngerling

8.1.2.11. Familie Dunkelblättler

Strophariaceae

Zu dieser Familie zählen durchweg Arten mit dunkel gefärbten Sporen. Die Sporenfarbe reicht von graubraun über ocker bis zimtbraun. Die Fruchtkörper sind teils groß, teils klein, mit oder ohne Velum.

Folgende Gattungen werden unterschieden:

Träuschlinge *(Stropharia)*

Feuchte, schmierige Hüte, z.T. auffallend gefärbte Hüte, fleischig. Die Blätter sind angewachsen, zwischen Stiel und Hutrand befindet sich ein Velum. Die Blätter sind dunkelviolettbraun, der Stiel häutig beringt. Träuschlinge wachsen auf morschem Holz, auf Dung, aber auch auf der Erde.

Schwefelköpfe *(Nematoloma, Hypholoma)*

Die wichtigsten Arten wurden unter den büschelig wachsenden Holzbewohnern beschrieben.

Kahlköpfe *(Psilocybe)*

Nackte kahle Hüte, ohne Velum, eingebogener Rand, klein-mittelgroß, dunkel bis mittelbraun. Stiele dünn, hohl, Sporen purpurbraun, Blätter ebenfalls dunkel.

Schüpplinge *(Pholiota)*

Die Schüpplinge haben einen häutigen Schleier, der meist als Ring am Stiel sichtbar bleibt. Die Stiele sind fleischig, die Hüte sparrig-schuppig, gelb, braun, z.T. schmierig.
Die Sporen sind rostbraun bis gelb.
Die Schüpplinge wachsen parasitisch oder saprophytisch auf Holz, an Baumstümpfen, an lebenden Bäumen hoch am Stamm.
Ein typischer Vertreter ist der Sparrige Schüppling.

Weitere Gattungen sind:
Stockschwämmchen *(Kuehneromyces)*
Trompetenschnitzlinge *(Tubaria)* und andere.

Die einzelnen Gattungen sind z.T. schwierig gegeneinander abzugrenzen. Die Bestimmung der einzelnen Arten ist nicht einfach. Für den Pilzsammler ist diese Familie wenig ergiebig, wenn man vom Stockschwämmchen und dem Rauchgrauem Schwefelkopf einmal absieht.

114 Grünspanträuschling

Grünspanträuschling
Stropharia aeruginosa (Curt. ex Fr.) Quel.

Abb. 114

Gattung Träuschlinge

Eßbar

Der Name ist zutreffend. Der grüne schleimige Hut, der mit weißen Resten des Velums behaftet ist, erinnert an ein mit Grünspan überzogenes Kupferteil. Der Pilz ist mittelgroß bis groß, der Hut kann bis zu 10 cm Durchmesser erreichen. Die Farbe ist nicht rein grün, sondern blaugrün, im Alter ausblassend und trockenwerdend. Der Hut ist zunächst glockig, dann gewölbt, später flach und wenig fleischig. Die Lamellen sind rotbraun bis kaffeebraun und haben eine weißfleckige Schneide. Sie stehen gedrängt und sind am Stiel angewachsen.

Der Stiel ist ca. 7 cm lang, bis 1 cm dick, ähnlich gefärbt wie der Hut, schleimig-schuppig und trägt einen Ring, der sich sehr bald durch die Sporen purpurbraun färbt. Oberhalb des Ringes ist der Stiel kahl.

Der Grünspanträuschling ist eßbar, aber offenbar kein besonders guter Speisepilz. Er kommt sehr häufig vor, wächst büschelig in Nadel- und Laubwäldern (August-November).

Der Pilz kann kaum mit anderen Arten verwechselt werden.

115 Rotbrauner Riesen-Träuschling

Abb. 115 **Rotbrauner Riesen-Träuschling**
Stropharia rugosoannulata (Farlow ex Murr.)

Gattung Träuschlinge

Eßbar

Der Rotbraune Riesen-Träuschling wächst auf verrottetem Stroh. Er kann leicht gezüchtet werden und wird seit Jahren zur Selbstzucht empfohlen. Das käufliche Myzel bringt auf zubereitetem Stroh nach spätestens einem Jahr zahlreiche Fruchtstände hervor. Auch die auf der Abbildung gezeigten Pilze stammen aus einer derartigen Zuchtanlage, die ein Hobbygärtner in seinem Freiland angelegt hat. Die Anlage eines solchen Pilzbeetes bereitet keinerlei Schwierigkeiten. Siehe hierzu das Kapitel über ›Die Zucht von Pilzen‹.

Der Pilz hat einen wunderschönen braunen, halbkugeligen Hut, der später verflacht und verblaßt. Die Hüte werden bis zu 20 cm breit und haben vergängliche Velumreste am Hutrand. Die graublauen Blätter stehen dicht und sind hinten angewachsen.

Der Stiel ist weiß und kräftig und trägt einen deutlichen weißen Ring.

Insgesamt erinnert dieser Pilz an einen Champignon, aber die Blätter sind nicht frei; außerdem haben die Champignons eine andere Sporenfarbe und tragen keine Velumreste am Hut.

Familie Mistpilzartige Pilze **8.1.2.12.**
Bolbitiaceae
mit den Gattungen:

Mistpilze *(Bolbitius)*
Sie ähneln den Tintenpilzen, sind sehr vergänglich, zart und meist von goldgelber Farbe, weshalb sie auch Goldmistpilze heißen. Meistens sind sie unbeschleiert, haben einen gerieften Hut mit gelben-rötlichbraunen Blättern. Die Blätter stehen gedrängt, sind angeheftet und kaum zerfließend. Die Stiele sind hohl und zerbrechlich.
Die Mistpilze wachsen auf Mist.

Ackerlinge *(Agrocybe)*
Die Ackerlinge heißen auch Erdschüpplinge, haben blasse bis dunkelbraune Hüte, sie sind weder bereift noch schuppig, halbkugelig bis gewölbt, die Sporen sind bräunlich, die Blätter braun. Die Stiele tragen einen mehr oder weniger deutlichen Ring.
Die Erdschüpplinge wachsen auf dem Erdboden.

Samthäubchen *(Conocybe)*
Kleine zerbrechliche Pilze, hellbraun bis gelbbraun gefärbt, kegelig, samtige Oberfläche. Sporen rostbraun.

Glockenschüpplinge *(Pholiotina)*
Sie sind den Samthäubchen ähnlich; sie haben ein Velum, so daß entweder der Stiel beringt ist oder der Hutrand Reste des Velums trägt. Zerfällt das Velum in winzige Flöckchen, erscheint der Hut bereift.

Eine weitere Gattung bilden die
Faltenhäublinge *(Gallerella)*, die aber nur aus zwei Arten bestehen.

Die Familie der Mistpilzartigen steht zwischen den Tintlingen und den Dunkelblättlern. Für den Pilzfreund ist diese Familie weniger wichtig.

Früher Erdschüppling *Abb. 116*
Agrocybe praecox (Pers. ex Fr.) Fay

Gattung Ackerlinge

Eßbar

Dieser Pilz erscheint bereits im April, Mai; er wächst am Waldrand, aber auch im Innern des Waldes auf grasigen Stellen, er ist häufig und tritt in Gruppen auf.
Der Hut ist schmutzig-weiß bis hellgelb, kaum schuppig, zunächst halbkugelig, dann flach gewölbt und wird bis zu 7 cm groß. Oft trägt der Hut noch Reste eines vergänglichen Schleiers. Die Blät-

116 Der Frühe Erdschüppling trägt an der Stielbasis einen wurzelähnlichen Fortsatz.

ter sind erst blaß, dann bräunlich; der Stiel trägt einen Ring und wird bis zu 10 cm hoch, er ist röhrig und weiß-blaß.
Nimmt man den Stiel vorsichtig aus dem Boden, erkennt man oft wurzelähnliche Fortsätze.

8.1.2.13. Familie Sprödblättler
Russulaceae (Täublingsartige Pilze)

Da diese Pilze genau wie Blätterpilze auf der Hutunterseite Lamellen, Blätter, tragen, liegt es nahe, sie zu den Blätterpilzen zu zählen.
Da aber die Sprödblättler deutliche Unterschiede zu den übrigen Blätterpilzen zeigen, werden sie im natürlichen System der Pilze als eigene Ordnung geführt.
Mehr als 200 Arten zählen zu dieser Großfamilie. Da viele Arten von ihnen sehr häufig sind, trifft man in den Wäldern sehr viel häufiger auf einen Vertreter dieser Familie als auf andere Pilze. Täublinge sind die häufigsten Blätterpilze. Kommt ein Neuling erstmals in die Pilzberatung und hat alles gebracht, was er fand (was man nicht tun sollte), so füllen Täublinge den halben Korb.

Die Sprödblättler werden in zwei große Gattungen unterteilt in:
Täublinge *(Russula)* und
Milchlinge *(Lactarius)*.

Alle Vertreter dieser beiden Gattungen haben nackte Stiele und Hüte. Sie tragen kein Velum, keinen Schleier und deshalb auch keine Ringe an den Stielen oder Velumreste am Stielende oder auf dem Hut. Am ehesten sehen sie damit einem Ritterling ähnlich. Aber sie sind farbenfroher als diese.

Das wichtigste Erkennungszeichen der *Russulaceae* ist das brüchige, spröde Fleisch. Bei den Täublingen sind in der Regel alle Teile des Pilzes spröde, auch die Blätter; bei den Milchlingen nur Hut und Stiel, weniger oder gar nicht die Blätter. Aber Täublinge und Milchlinge kann man ganz einfach unterscheiden: Die Milchlinge scheiden beim Bruch einen milchigen Saft ab, der oft gefärbt ist; die Täublinge nicht.

Der spröde Charakter des Fleisches hängt mit dem Bau des Fadengeflechtes, aus dem die Fruchtkörper aufgebaut sind, zusammen. Während normalerweise die Zellen der Pilzfäden langgestreckt sind und zusammenhängende Fäden, Fasern, bilden, treten in den Täublingen und Milchlingen runde, blasige Zellen auf, die den Fasercharakter unterbrechen. Diese Zellen nennt man Sphärozyten. Dem Werkstoffwissenschaftler ist bekannt, daß man spröde Werkstoffe durch die Einlagerung von Fasern verstärken kann. Umgekehrt schwächt eine Unterbrechung der Fasern die Biegebruchfestigkeit. Bei mechanischer Beanspruchung werden entstehende Risse nicht gestoppt, sondern setzen sich quer durch das Gebilde fort.

Am besten erkennen Sie den spröden Charakter der Täublinge, wenn Sie versuchen, einen Pilz am Stielende aufzureißen und den Stiel der Länge nach zu trennen. Bei einem Spargel gelingt dies, auch bei einem Birkenpilz oder einem Ritterling, nicht aber bei einem Täubling oder einem Milchling; diese brechen knackend quer auseinander wie eine gelbe Rübe.

Die Täublinge zeigen herrliche Hutfarben: rot, grün, violett, blau sowie alle denkbaren Zwischentöne. Aber diese Farben sind oft sehr variabel, sie verblassen, werden vom Regen ausgewaschen oder haben von Natur aus eine gewisse Bandbreite. Die Artbestimmung ist deshalb bei Täublingen und bei Milchlingen nicht einfach. Üben, üben, fragen, vergleichen und immer wieder lesen.

Die Sporenfarbe reicht bei den Sprödblättlern von weiß bis dottergelb, ist also nicht sehr abgestuft. Gleichwohl ist diese Sporenfarbe für die Artbestimmung wichtig. Bitte aber nur bei reifen Pilzen die Farbe der Blätter als Kriterium heranziehen, besser ist es, ein Sporenpräparat herzustellen.

Täublinge und Milchlinge haben etwas Angenehmes, sie sind nicht oder nur wenig giftig. Sie sind aber trotzdem nicht alle eßbar, nein, viele von ihnen sind brennend scharf, fast schmerzhaft scharf. Diejenigen Arten, die nicht scharf schmecken, sind eßbar. Viele von den eßbaren Arten sind sogar recht wohlschmeckende Speisepilze.

Da die Täublinge und Milchlinge häufig vorkommen, rentiert es

117 Dickblättriger Schwarztäubling

sich also, sich mit ihnen zu beschäftigen. Sie garantieren fast immer auch dann noch eine Ausbeute beim Suchen, wenn es andere Arten nicht gibt.

Um herauszufinden, welche scharf und welche nicht scharf schmekken, gibt es eine sichere Methode: die Geschmacksprobe.

Wenn Sie sicher sind, einen Vertreter der Familie Sprödblättler vor sich zu haben, können Sie es ruhig wagen, ein Blattstück oder eine kleine Ecke des Hutes vorsichtig zu kauen. Haben Sie dabei zwei Minuten Geduld, bevor Sie alles wieder ausspucken, manche Arten geben sich erst langsam zu erkennen.

Grundsätzlich gilt, rohe Pilze nicht essen, allenfalls im Mund vorsichtig den Geschmack testen.

Abb. 117 **Dickblättriger Schwarztäubling**
Russula nigricans (Bull.)Fr.

Geringwertig

Ein großer Täubling mit dicken, entfernt stehenden Blättern. Bis zu 20 cm breit kann der Hut werden.

Der Hut ist zunächst grau, rauchgrau und wird schließlich schwarz.

Der derbfleischige Hut hat einen anfangs eingerollten Hutrand.

Die Blätter sind zunächst weiß, aber bald hellbraun und schließlich ebenfalls schwarz. Sie sind ungleich lang und am Stiel angeheftet. Bei Verletzung werden die Blätter grau, manchmal sogar rot. Beim Überstreichen mit dem Finger splittern die Blätter ab wie Glas.

Der Stiel ist ebenfalls zunächst hell und wird nach und nach dunk-

118 Stinktäubling

ler. Er ist dick und kurz und hebt den Hut nur wenig über das Moos. Typisch ist das weiße Fleisch, das beim Anschneiden stark rötet und später ebenfalls schwarz wird. Die Sporen sind blaß.
Der Dickblättrige Schwarztäubling ist sehr häufig, er kommt in Laub- und Nadelwäldern vor. Man findet ihn vom Juli bis in den Spätherbst. Die schwarzen Überreste dieses Pilzes findet man noch im folgenden Frühjahr. Der Geschmack ist nicht angenehm. Jung ist der Pilz eßbar, aber wie gesagt kein besonders empfehlenswerter Speisepilz.

Stinktäubling
Russula foetens Fr.

Abb. 118

Es handelt sich bei diesem Pilz um einen großen Täubling (bis 15 cm Durchmesser) mit einem semmelfarbenen Hut, der schmierig und breit gerieft ist. Jung ist der Hut eingebogen, beinahe kugelförmig, später ausgebreitet und flach.
Die Blätter sind blaß, dichtstehend, tränend und fleckig.
Der Stiel ist kräftig, bis 4 cm dick und bis zu 13 cm lang, weiß, braunfleckig.
Das brüchige Fleisch schmeckt scharf und stinkt unangenehm. Der Pilz ist ungenießbar, er kommt in Laub- und Nadelwäldern vor und ist häufig.

Ungenießbar

Wegen seines Geruches ist der Stinktäubling bei Tieren sehr beliebt und wird oft völlig aufgefressen.

Abb. 119 **Kirschroter Speitäubling**
Russula emetica, var. emetica Fr.

Man unterscheidet verschiedene Speitäublinge. Der hier abgebildete echte Speitäubling kommt in Hochmooren vor und ist relativ selten. Der Gemeine oder Kirschrote Speitäubling hat einen leuchtenden hellroten Hut, der leicht ausblaßt. Die Huthaut ist meist schmierig, glanzlos bis glänzend, je nach Feuchtigkeitsgehalt. Sie ist im feuchten Zustand fast ganz abziehbar. Der Rand ist beim jungen Pilz glatt, später gerieft.

Die Blätter sind weiß und zeigen beim älteren Pilz einen leichten grün-bläulichen Schimmer. Sie stehen dicht oder entfernter, sind mit kürzeren untermischt und hinten angewachsen oder abgerundet angewachsen. Die Sporenfarbe ist reinweiß. Der Stiel ist ebenfalls reinweiß, voll, dick, manchmal runzelig.

Der Pilz ist relativ groß und erreicht Durchmesser bis 10 cm, der Stiel wird bis zu 7 cm hoch.

Der Kirschrote Speitäubling wächst im Herbst in Laub- und Nadelwäldern.

Das weiße Fleisch ist äußerst scharf. Der Speitäubling ist absolut ungenießbar und verursacht Erbrechen. (Spei-Täubling!). Er gilt als schwach giftig.

Schwach giftig!

Man unterscheidet neben dem Kirschroten Speitäubling und der Hochmoorform noch die Subspecies *Russula emetica var. betularum* (Birkenspeitäubling) und *Russula emetica var. silvestris* (Kiefernspeitäubling). Sie sind ebenfalls ungenießbar, scharf und leicht giftig und *emetica var. emetica* sehr ähnlich.

Abb. 120 **Buchen-Speitäubling**
Russula mairei Sing. (var. mairei)
(Maires-Täubling)

Schwach giftig!

Auch dieser Speitäubling ist brennend scharf. Beim Versuchen kommt die Schärfe sofort, nicht erst nach einiger Zeit durch.

Dieser Speitäubling wird als scharlachrot bis zinnoberrot bezeichnet. Die Mitte blaßt besonders gerne aus. Es entstehen helle, gelbliche Flecken.

Die Oberhaut ist etwas schmierig und nur außen abziehbar. Die Farbe des Hutes färbt auf das Fleisch durch. Der Rand ist glatt oder nur ganz grob gerieft.

Die Blätter sind weiß, mit einem schwachen blaugrünen Anflug, im Alter leicht gelblich, sie sind untermischt und gegabelt, netzig verbunden. Der Stiel ist weiß, fest und voll.

Die Sporen sind blaß, nicht reinweiß.

Der Pilz wächst im Herbst in der Nähe von Buchen. Er ist nicht sehr häufig.

119 Kirschroter Speitäubling (Hochmoorform)

Gefelderter Grüntäubling
Russula virescens (Schff. ex Zant.) Fr.

Abb. 121

Eßbar

Dieser Täubling ist ein brauchbarer Speisepilz. Er schmeckt mild, kommt relativ häufig vor und ist kaum zu verwechseln. Andere grüne Täublinge sind ebenfalls eßbar. Der Brennende Grüntäubling *(Russula urens)* hat dottergelbe Blätter. Im Zweifelsfalle bleibt die Geschmacksprobe. Wer noch keine Täublinge gesammelt

120 Buchen-Speitäubling

121 Gefelderter Grüntäubling

hat, kann mit diesem beginnen. Der grüne Hut ist feldrig gerissen, die Hutoberfläche trocken, rauh und warzig. Die Farbe ist ein blasses Grün, das durch Ausbleichen gelb werden kann. In diesem Zustand ist der Pilz etwas schwieriger zu erkennen. Es treten aber auch kräftigere Farben auf. Der Gefelderte Grüntäubling wird bis zu 15 cm breit, er wirkt derb. Anfangs ist der Hut halbkugelig, später wird der Pilz flacher.

Der Rand des Hutes ist grob gerieft. Die Blätter sind weiß bis cremefarben, an der Schneide braun verfleckt, entfernt stehend und wenig untermischt.

Der Stiel ist weiß, etwas bräunend, dick und kräftig. Hut und Stiel haben hartes Fleisch.

Dieser Täubling wächst im Spätsommer und Herbst unter Eichen und Buchen auf trockenen Stellen im Wald. Er steht meistens allein und nicht in Gruppen und kommt häufig vor.

Abb. 122 **Frauentäubling**

Russula cyanoxantha (Schff. ex Fr.)

Eßbar und gut

Bei der Bestimmung der Täublinge spielt die Sporenfarbe eine große Rolle. Diese reicht, wie bereits erwähnt, vom reinen Weiß über cremefarben und gelb bis zu sattem Dottergelb. Der Frauentäubling gehört zur Gruppe der reinen Weiß-Sporer, ebenso wie der Speisetäubling. Man achte auf die Farbe der Blätter, sie bleiben reinweiß.

Ein anderes Kennzeichen dieses Pilzes ist die Konsistenz der Blät-

122 Frauen-täubling

ter. Sie sind viel weniger spröde als bei anderen Täublingen. Beim Darüberstreichen splittern oder brechen sie nicht.
Der Stiel ist reinweiß.
Die Hutfarbe ist ein schönes Violett, das mit Grün vermischt ist. Aus diesem Grund heißt der Pilz auch Violettgrüner Frauentäubling. Es gibt auch reinviolette Farben.
Der Hut ist anfangs halbkugelig, der Rand zunächst eingebogen, später wird der Pilz flacher, er erreicht 15 cm Durchmesser, die Stiele werden bis zu 10 cm hoch. Es handelt sich also um einen stattlichen Pilz.
Dem Violettgrünen Frauentäubling sehr ähnlich ist *Russula heterophylla,* der Grüne Speisetäubling, der wie die reine Grünform des Violettgrünen Frauentäublings wirkt.
Der Frauentäubling wächst in Laubwäldern, unter Buchen, bevorzugt offenbar kalkhaltigen Boden und ist sehr häufig. Er ist eßbar und wohlschmeckend.

Speisetäubling
Russula vesca Fr.

Abb. 123

Wohl-schmeckend

Der Hut dieses Täublings wird als fleischrötlich (›Farbe abgehangenen Fleisches‹) beschrieben. Die Huthaut reicht nicht bis an den Rand heran, so daß am Rand die Blätter sichtbar werden. Der Pilz erreicht einen Durchmesser bis zu 10 cm. Die Blätter sind weiß, am Stiel gegabelt, oft rostfleckig. Da der Sporenstaub ebenfalls weiß ist, bleiben die Blätter auch weiß und werden nicht gelblich.

123 Speisetäubling

Der weiße Stiel ist an der Basis verjüngt, zugespitzt, relativ kurz und manchmal rostfleckig.
Der Speisetäubling fühlt sich im sandigen Nadelwald wohl, aber auch unter Buchen und Eichen. Er erscheint von Juli bis Oktober und ist häufig. Der Speisetäubling ist, wie schon der Name sagt, ein schmackhafter Speisepilz.

124 Gelber Graustieltäubling

Gelber Graustieltäubling *Abb. 124*
Russula flava (Rom.) Rom. ap. Lindbl.

Der weiße Stiel dieses Täublings wird im Alter grau, auch nach Verletzungen färbt sich das Stielfleisch langsam grau. Der Hut ist lebhaft gelb, chromgelb gefärbt. Die zunächst weißen Blätter werden beim älteren Pilz buttergelb (Sporenpulver blaßocker).
Der Pilz ist mittelgroß bis groß und wächst unter Birken, Erlen und Eschen, besonders auf sauren Böden in Mooren. Der Gelbe Graustieltäubling ist eßbar. *Eßbar*

Ocker-Täubling *Abb. 125*
Russula ochroleuca (Pers.) Fr.

Zitronen-Täubling oder auch Gelbweißer Täubling sind weitere Bezeichnungen für diesen Pilz.
Viele Pilze, die man in einem Wald findet, zählen zu den Täublingen, da eben Täublinge relativ häufig sind. Der häufigste Täubling dürfte der Ocker-Täubling sein. So kann man ohne weiteres behaupten, daß er in vielen Gegenden überhaupt der häufigste Pilz ist. In Nadelwäldern, wo er hauptsächlich vorkommt, ist er oft ein Charakterpilz.
Der Ockertäubling schmeckt mild, vielleicht ein wenig bitter; in den Blättern ist er etwas scharf. Man kann ihn ohne weiteres essen, zumal die Schärfe der Blätter beim Kochen vergeht. Allerdings gibt es Besseres. *Eßbar*

125 Ocker-Täubling

126 Lederstiel-Täubling

Gibt es im Wald wenig Pilze, so bringt man meistens doch immerhin ein paar Ockertäublinge mit. Gibt es auch diese nicht, dann ist ganz schlechte ›Pilzzeit‹. Wenn die Ausbeute an anderen Pilzen groß ist, wird meist darauf verzichtet, den Ockertäubling zu sammeln, er ist damit ein echter Lückenbüßer.
Der Hut ist zitronen- bis goldgelb, oft mit einem Stich ins Grünliche, schmierig, glatt, glänzend. Er wird 5 - 8 cm groß und ist flach.
Die Blätter sind weiß bis creme, verfärben sich gelegentlich bräunlich, stehen gedrängt und sind adrig verbunden.
Es gibt einen deutlichen Farbkontrast am Hutrand, beim Übergang der Blätter zum Hut, im Gegensatz zum Gallen-Täubling.
Der Stiel ist im Alter grauweiß und wird bis zu 7 cm hoch. Die Sporenfarbe ist blaß.
Ähnlich ist der Gallentäubling, *Russula fellea.* Auch dieser Täubling ist ockergelb. Der Stiel ist gelblich, der Hutrand etwas gerieft, der Geschmack brennend scharf (ungenießbar). Dieser Pilz zeigt insgesamt kaum Farbkontraste.

Abb. 126 **Lederstiel-Täubling**
Russula viscida Kudr.

Eßbar Wegen seiner Farbenvielfalt ist dieser Pilz nicht ohne weiteres zu erkennen. Der Hut ist purpurrot, aber auch gelb oder braun, manchmal mit gelben Flecken. Die Oberhaut ist schmierig, feucht

glänzend, trocken matt, die trockene Huthaut nur wenig abziehbar. Der Hutrand ist glatt und wellig verbogen.
Die blaßen Blätter haben einen grünlichen Anflug, werden im Alter rostfleckig und sind angewachsen bis leicht herablaufend.
Der Stiel ist für den Lederstiel-Täubling charakteristisch. Er ist zunächst blaß und wird von unten her braun. Die normale Farbe des Stieles ist ledergelb. Die Oberfläche des Stieles ist glatt, glänzend, adrig. Im Inneren ist der Stiel im Alter schwammig.
Der Lederstiel-Täubling hat im Stiel mildes Fleisch, die Blätter schmecken sofort scharf, aber die Schärfe vergeht sehr bald. Der Pilz ist eßbar. Er kommt in Nadelwäldern vor und ist selten.

Braunroter Ledertäubling
Russula integra (L. ex Fr. ss.) R. Mre.

Abb. 127

Eßbar

Der Braunrote Ledertäubling erscheint in manchen Wäldern massenhaft. Er ist mild, eßbar und ein recht guter Speisepilz.
Die Sporen sind gelb, weshalb die Blätter sich allmählich ebenfalls ocker färben, anfangs sind sie blaß.
Ein gutes Kennzeichen dieses Pilzes ist ein gelber Fleck, der meist am unteren Stielende zu beobachten ist. Der Hut wird bis zu 10 cm breit und besitzt eine schwer zu beschreibende Farbe. Die Grundfarbe ist Braun, aber es gibt Anzeichen für Purpur- und Violetttöne. In der Mitte blaßt die Farbe oft aus. Die Oberfläche des Hutes ist schmierig, kahl und nicht ganz glatt, sondern leicht

127 Braunroter Ledertäubling

adrig, höckerig. Der zunächst halbkugelige Hut wird später flacher. Der Hutrand ist grob gerieft.

Die Blätter stehen gedrängt und sind am Stiel fast frei. Der Stiel ist weiß und leicht adrig, bauchig.

Der Braunrote Ledertäubling wächst im Herbst. Er kann vielseitig verwendet werden.

Täublinge sind ›trockener‹ als andere Pilze und ziehen deshalb beim Zubereiten nicht soviel Wasser wie andere Pilze. Sie liefern ein Pilzgericht, das nicht schleimig ist, sondern fest und beinahe ›knackig‹.

Abb. 128

Zitronenblättriger Täubling

Russula sardonia (Fr. em. Rom.)

Ungenießbar

Im Volksmund heißt der Zitronenblättrige Täubling auch ›Säufernase‹, womit auf die auffallende Färbung des Stieles angespielt wird.

Der Stiel ist violettrot, purpur, aber nie reinweiß. Die Oberfläche des Stieles ist glatt, beinahe glänzend, was auffällt. Am unteren Stielende findet sich oft ein gelber Fleck.

Der Hut ist schwarz-purpur, violett purpur bis dunkelrot. Der Rand ist weißlich bereift. Die Oberfläche ist matt und kaum klebrig, die Haut kann nur am Rand abgezogen werden. Der Rand ist zunächst glatt, dann grob gerieft. Der Hut ist jung flach gewölbt, später vertieft.

128 Zitronenblättriger Täubling

129 Rotstieliger Ledertäubling. Mächtig schiebt sich der entwikkelte Pilz aus dem Boden.

Die Blätter sind hellgelb bis zitronengelb, gedrängt, z.T. mit kürzeren Blättern untermischt, hinten angewachsen, gabelig, feucht oft tränend, am Grunde queradrig verbunden.
Die Säufernase wächst im Herbst.
Der Pilz wächst in Nadelwäldern, besonders unter Kiefern. Er ist sehr häufig und schmeckt brennend scharf, weshalb er ungenießbar ist. Aber gerade wegen des häufigen Vorkommens sollte man ihn kennen, um nicht ständig beim Sammeln von Täublingen der Verwechslungsgefahr ausgesetzt zu sein.

Rotstieliger Ledertäubling
Russula olivacea (Schff. ex. Secr.) Fr.

Abb. 129, 130

Eßbar und gut

Olivacea ist einer der größten Täublinge, die es gibt. Der Hut erreicht Durchmesser von 20 cm und mehr. Diesen Pilz sollte man kennenlernen. Hat man sich einmal seine Farbtönung eingeprägt, erkennt man ihn schon von weitem. Er ist ein guter und ergiebiger Speisepilz. Leider ist er oft madig.
Die Hutoberfläche ist reinviolett-purpur oder auch heller mit eingemischtem Grün. Das Typische ist aber die Uneinheitlichkeit

130 Rotstieliger Ledertäubling

der Farbe. Der Pilz sieht aus, als wäre er marmoriert, scheckig oder fleckig. Die Farbe selbst ist schwer zu beschreiben.
Die Hutoberfläche ist trocken, beinahe samtig, zum Rand hin oft querwellig. Die Huthaut kann nicht abgezogen werden. Bei jungen Exemplaren reicht die Huthaut manchmal über den Rand hinaus und bedeckt das Ende der Blätter, so daß man den Eindruck hat, der Pilz habe einen Saum.
Das Fleisch ist im Hut und Stiel gelblich.
Die Blätter sind zunächst hellgelb, schließlich ockergelb. Die dicklichen Blätter sind gleichlang und stehen gedrängt. Sie sind direkt angewachsen oder buchtig angeheftet. Der Stiel entspricht in seiner Größe dem Hut. Er ist dick, bis zu 3 cm und mehr und ca. 8 cm lang. Auffallend ist die Rosafärbung des Stieles.
Der Rotstielige Ledertäubling kommt vom Juli bis Oktober in Laub- und Nadelwäldern vor. Der mächtige Pilz wächst oft schon recht groß aus dem Boden. Man sieht dann nur den Hut, der viel Erde vor sich hergeschoben hat. Der dicke Stiel steckt noch im Boden. In diesem Zustand ist der Pilz ›getarnt‹, man übersieht ihn leicht trotz seiner Größe.

131 Dunkel-purpurvioletter Buckel täubling

Dunkel-purpurvioletter Buckeltäubling
Russula coerula

Abb. 131

Der Name kennzeichnet diesen Täubling schon beinahe hinreichend.
Der dunkelviolette trockene Hut trägt einen charakteristischen Buckel. Die Blätter beim reifen Pilz sind ockergelb.
Der Stiel ist weiß, das Fleisch weiß bis leicht gelblich und mild.
Die Huthaut schmeckt leicht bitter.
Der Buckeltäubling wächst in Kiefernwäldern und ist häufig.

Eßbar

Fichten-Blutreizker
Lactarius deterrimus Gröger

Abb. 132

Gattung Milchlinge

Eßbar und gut

Mehrere Milchlinge scheiden eine orange, rote oder blutrote Milch ab. Sie haben orangefarbene Hüte, die z.T. deutlich gezont sind. Es handelt sich um Blutreizker, die z.T. schwer zu unterscheiden sind.
Der häufigste Vertreter ist der Fichten-Blutreizker, der, wie der Name sagt, in Fichtenwäldern vorkommt. Dort wächst er oft in großen Gruppen in dichten Schonungen, aber auch an grasigen Stellen, an Waldrändern, Bachufern und an Wegen. Er erscheint im August und wird bis in den Oktober gefunden. Die Pilze sind oft sehr madig, so daß trotz des häufigen Vorkommens die Ausbeute nicht immer sehr groß ist oder auf dem Küchentisch beim Putzen zusammenschmilzt.

132 Fichten-Blutreizker

Der Hut ist orangerot mit stark grünen Zonungen. Die grünen Zonen sind nicht scharf abgegrenzt, sondern verlaufen verwaschen. Auf Druck verfärbt sich der Hut rot und allmählich grün.
Der Pilz hat eine trichterförmige Gestalt. Der Hutrand ist anfangs eingerollt wie bei einem Krempling. Die Blätter laufen am Stiel herab. Der Stiel hat die gleiche Farbe wie der Hut und ist hohl oder wattig gefüllt.
Die Blätter sind anfangs blaß, später orange, oft mit grünen Flekken.
Die Milch ist orangerot und verfärbt sich erst nach einer halben Stunde weinrot.
Der Fichten-Blutreizker schmeckt roh etwas bitter, ist aber eßbar und gut. Er wird sehr gern gesammelt. Für Mischgemüse eignet er sich nicht, man muß ihn braten.
Der spangrüne Kiefern-Blutreizker *(Lactarius semisanguifluus)* ist dem Fichten-Blutreizker sehr ähnlich, aber seine Milch verfärbt sich bereits nach wenigen Minuten weinrot, auch er ist eßbar.
Für die Zubereitung des Reizkers hat sich das folgende Rezept bewährt:
Man läßt in einer Bratpfanne Butter oder Margarine zergehen und erhitzt sie. Die geputzten und kurz abgewaschenen Hüte und halbierten Stiele der Reizker werden in die heiße Butter gelegt und auf beiden Seiten kurz angebraten. Jetzt müssen die Pilze nur noch gewürzt werden und sind zum Servieren bereit. Neben Salz können zum Würzen alle Fleischgewürze verwendet werden. Der Phantasie sind dabei keine Grenzen gesetzt. Man kann die Pilzhüte vor dem Braten auch in einem zerrührten rohen Ei wälzen.

133 Echter Reizker

Echter Reizker — Karottenmilchling *Abb. 133*
Lactarius deliciosus Fr.

Wohlschmeckend

Edelreizker oder Kiefernreizker sind weitere deutsche Namen für *L. deliciosus*. Der lateinische Name deutet an, daß es sich um einen köstlichen Pilz handelt. In der Tat schmeckt der echte Reizker ausgezeichnet. Er wächst unter Kiefern und wird in manchen Gegenden äußerst selten gefunden.
Der Hut dieses Pilzes ist ziegelrot gefärbt bis lachsrot. Er ist dunkler gezont und am Rande oft grünfleckig. Die Milch ist karottenrot und färbt sich allmählich durch Oxidation grün.
Die Blätter sind orangegelb und laufen am Stiel herab.

Birkenreizker *Abb. 134*
Lactarius torminosus (Schff. ex Fr.) S.F. Gray

Manche Pilzfreunde betrachten den Birkenreizker als das giftige Gegenstück zu den eßbaren Blutreizkern. Dies ist unzutreffend. Den Birkenreizker kann man praktisch nicht mit dem Fichtenreizker oder dem echten Blutreizker verwechseln.

Schwach giftig!

Die Giftigkeit von *Lactarius torminosus* ist nicht sehr groß; nach entsprechender Behandlung wird er in Osteuropa sogar gegessen. Man kocht den Pilz in Salzwasser, bevor man ihn endgültig zubereitet. Unterbleibt dies, ruft sein Genuß allerdings heftiges Erbrechen und Durchfall hervor. Angeblich kann er sogar tödlich wirken. Er ist also echt giftig und kommt als Speisepilz nicht in Frage.

134 Birkenreizker

Während aber die Blutreizker eine gefärbte milde Milch absondern, ist die Milch des Birkenreizkers unveränderlich weiß und scharf brennend.
Der Birkenreizker hat einen fleischroten bis rosa Hut, der Hut trägt dunklere Zonen, hat einen zottigen lang eingerollten Rand, ist trichterförmig vertieft und kann bis zu 10 cm breit werden.
Der Stiel ist blasser als der Hut, glatt, hohl, auf Druck fleckend, spröde.
Die Blätter sind blaß und laufen am Stiel herab. Sie nehmen allmählich eine ähnliche Farbe an wie der Hut.
Der Birkenreizker erscheint im Herbst, besonders unter Birken, und bevorzugt sauren Boden. Er wächst deshalb auch in Mooren, aber auch auf sandigen Heideböden.

Abb. 135 **Milchbrätling — Brotmilchling, Brätling**
Lactarius volemus Fr.

Eßbar und gut

Unter Buchen und Fichten, in Wäldern mit altem Baumbestand und auf offenen Flächen wächst der Milchbrätling oder Brätling. Er bevorzugt kalkhaltige Gegenden und wird dort häufiger gefunden.
Der Milchbrätling ist ein großer, derber Milchling. Der Hut wird bis zu 15 cm breit. Charakteristisch ist die hellbraune matte, fast samtige Oberfläche des Hutes. Fraßstellen sind etwas dunkler gefärbt. Ältere Exemplare sind manchmal feinrissig. Der Hut ist flach, etwas vertieft, mit anfangs eingebogenem Rand. Der Rand

135 Milchbrätling

ist glatt und nicht gerieft. Der Stiel ist fast genau so gefärbt wie der Hut, er ist kräftig, bis zu 3 cm dick und 10 cm hoch.
Die Blätter sind hellgelb, verfärben sich bei Verletzungen braun und laufen etwas am Stiel herab. Das Fleisch ist mild, weiß und ebenfalls braunfleckend. Ältere Pilze riechen auffallend nach Hering. Die sehr reichliche Milch ist reinweiß, harzig, klebrig und schmeckt etwas bitter. Der Milchbrätling ist ein guter Speisepilz.
Er kann allerdings nur zum Braten verwendet werden. Man kann ihn genauso zubereiten wie einen Reizker.

136 Eichenreizker

Abb. 136 **Eichenreizker**
Lactarius quietus Fr.

Bedingt eßbar

Wie der Name angibt, handelt es sich um einen Begleiter der Eichen. Er schmeckt leicht bitter, ist aber genießbar, wenn man ihn vor der Zubereitung abbrüht. Er wächst im Sommer und Herbst, ist häufig und liebt saure Böden.
Der Hut ist gezont. Die Zonung ist undeutlich und nicht sehr ausgeprägt. Die Farbe ist ein rötliches Braun.
Der Pilz ist mittelgroß.
Die Blätter zeigen ebenfalls rötliche bis ziegelrötliche Farben und sind oft fleckig.
Die Milch ist nicht weiß, meist gelblich und schmeckt leicht bitter.
Der Stiel ist ähnlich gefärbt wie der Hut.

Schwarzkopf-Runzel-Milchling
Lactarius lignyotus Fr.

Zahlreiche Namen beweisen, daß dieser Pilz in manchen Gegenden sehr populär ist oder es doch wenigstens war. Wegen seiner schwarzen Farbe heißt er auch Essenkehrer, Schornsteinfeger oder Mohrenkopf. Da der spitzbuckelige schwarze Hut offenbar manchen an ein Pfarrersbäffchen oder Pfaffenhut erinnert hat, wird er auch Pasterle genannt.
Der Hut dieses Pilzes ist pechschwarz, samtig, strahlig runzelig und spitzgebuckelt, dünnfleischig und mittelgroß.

137 Schwarzkopf-Runzel-Milchling

Die Blätter sind weiß und laufen bei Verletzungen rotlich an.
Die Stiele sind nicht ganz so schwarz wie der Hut, an der Basis fast weiß, relativ lang und dünn.
Das Fleisch ist weiß und verfärbt sich ebenfalls rosa bis lachsrot. Auch die Milch ist zunächst weiß und verfärbt sich an der Luft rötlich. Sie schmeckt mild.
Der Schwarzkopf-Runzel-Milchling wächst im Herbst in Nadelwäldern, besonders im Gebirge, er erscheint truppweise und ist nicht immer häufig.
Er ist ein guter und wohlschmeckender Speisepilz.

Violett-Milchling *Abb. 138*
Lactarius aspideus Fr.

Ein relativ seltener Milchling, der auf Mooren, an feuchten Waldrändern oder an feuchten Waldlichtungen unter Weiden vorkommt, ist der Violett-Milchling oder Schildmilchling.
Der Pilz ist mittelgroß, weißlich-gelblich sowohl im Hut als auch im Stiel und sehr schleimig.
Bei Verletzungen verfärbt er sich schön violett. Die zunächst wäßrige weiße Milch verfärbt sich ebenfalls allmählich violett.
Der Violett-Milchling schmeckt nicht scharf, aber bitter. Aus diesem Grund kommt dieser Pilz als Speisepilz nicht in Frage, er ist ungenießbar. *Ungenießbar*
Der Violett-Milchling ist ein schöner Pilz.

138 Violett-Milchling

*139 Tannen-
reizker*

Abb. 139

Tannenreizker
Lactarius necator (Bull. ex. Fr.) Kant

Dieser Pilz sieht einem kahlen Krempling täuschend ähnlich. Erst wenn man den Pilz aufhebt, erkennt man an den Blättern und natürlich an der Milch, daß es sich nicht um den kahlen Krempling handelt, sondern um den Tannenreizker oder, wie er auch heißt, Olivbraunen Milchling. Der erfahrene Pilzfreund hat allerdings die Unterschiede im äußeren Erscheinungsbild der beiden Pilze so plastisch vor Augen, daß er nicht in Verlegenheit kommt.

Bedingt eßbar

Der Tannenreizker ist brennend scharf. Nur nach besonderer Zubereitung ist er eßbar. Die Sonderbehandlung besteht darin, daß man den Pilz mehrmals abkocht. Unterbleibt dies, kann er Erbrechen erzeugen. Deshalb trägt er auch den Namen Mordschwamm, obwohl er noch niemanden ermordet hat.

Die abgekochten Pilze kann man, wie viele andere Milchlinge auch, in Essig oder Salz einlegen. Dies wird in Osteuropa häufiger praktiziert. Wer will, kann es einmal versuchen. Ein Pilz, der nur nach Sonderbehandlung eßbar ist, ist eben nur bedingt eßbar und kein Speisepilz im eigentlichen Sinne.

Der Olivbraune Milchling läßt sich wie folgt beschreiben:

Hut: olivbraun, düster, in der Mitte dunkler, zunächst feucht, später trocken, kahl und fast filzig, Rand eingerollt, ungezont, nur manchmal ist eine Zonung angedeutet (6 - 12 cm)

Blätter: weißlich, dunkel fleckend, dicht, dünn, angewachsen, etwas am Stiel herablaufend, teilweise gegabelt

Stiel: olivbraun, etwas heller als der Hut, 4 - 5 cm lang, 1 - 2 cm dick

Milch: weiß, grauend, brennend scharf

Vorkommen: unter Fichten, Birken, auf kalkarmen Böden, im Herbst.

Grubiger Milchling
Lactarius scrobiculatus (SCOP. ex Fr.) Fr.

Abb. 140

Schwach giftig

Bei diesem Pilz handelt es sich um einen auffallend großen Milchling. Er ist nicht schwer zu erkennen. Wie der Name sagt, ist dieser Milchling grubig. Gemeint ist der Stiel, der auffallende Vertiefungen zeigt. Auch strohgelber Milchling wird der Pilz genannt, womit auch seine Farbe gut charakterisiert ist. Wenn man dann noch beachtet, daß der Rand fransig behangen und beim jungen Pilz etwas eingerollt ist, kann man ihn nicht mehr verfehlen. Hinzu kommt die weiße Milch, die sich augenblicklich gelb verfärbt und brennend scharf schmeckt. Der Hut ist flach, bis zu 20 cm und mehr breit, in der Mitte etwas vertieft und leicht gezont. Die Blätter sind hellgelb.

Der Pilz erscheint im Spätsommer und Herbst. Er bevorzugt feuchte Fichtenwälder. Wo der Wald bis an ein Bachufer herankommt,

140 Grubiger Milchling

141 Erdschieber

erscheint er manchmal truppweise. Offenbar wächst er lieber im Flachland. In manchen Gegenden ist er selten.
Als Speisepilz ist er untauglich. Er ist nicht nur brennend scharf, sondern auch schwach giftig.

Abb. 141 **Erdschieber/Wolliger Milchling**
Lactarius vellereus (Fr.) Fr.

Wenn Sie diesen Pilz im Wald finden, verstehen Sie den Namen Erdschieber sofort. Der Pilz kommt schon hochentwickelt aus dem Erdboden hervor. Wegen seiner Größe muß er beachtliche Mengen Erde auf die Seite schieben oder die Moosdecke über sich hochheben.
Der Hut ist weißlich, schmutzig weiß, leicht fleckig, anfangs wollig-flaumig, genabelt, vertieft, schließlich flach-schüsselförmig. Er erreicht Durchmesser von 25 cm.
Die Blätter sind blaß, leicht rötlich getönt, zunächst dicht, später entfernt, dick, leicht am Stiel herablaufend.
Der Stiel ist verhältnismäßig kurz, dick, schmutzig-weiß bis leicht gelblich.
Die Milch ist weiß und verfärbt sich sehr langsam gelblich. Sie schmeckt fast mild, aber bitter. Der wollige Milchling ist ungenießbar. Er wächst im Herbst im Laub- und Nadelwald und ist häufig.

Ungenießbar

Ordnung Nichtblätterpilze 8.1.3.

Poriales Aphyllophorales

Neben den Röhrlingen und Blätterpilzen bilden die Nichtblätterpilze die nächste wichtige Ordnung der *Hymenomycetidae,* der Ständerpilze mit keulenförmigen Basidien.
Die Bezeichnung Nichtblätterpilze ist ein Begriff aus dem künstlichen System der Pilze. Die Bezeichnung ist griffig und eingängig, aber eigentlich unwissenschaftlich. Hier wird nämlich ein Ordnungsbegriff auf einer negativen Aussage aufgebaut, eben dem Nichtvorhandensein von Blättern. Wenn aber die Existenz von Blättern und Röhren ein Grund ist, darauf eine Ordnung aufzubauen, dann sind auch Poren, Stacheln und Leisten ein Ordnungsbegriff. Deshalb werden in einem natürlichen System der Pilze die im folgenden erwähnten Familien als eigene Ordnungen geführt.
Die Nichtblätterpilze werden in mehrere Familien unterteilt.

Eine wichtige Familie sind die
Porenpilze oder Porlinge *(Poriaceae).* Dies sind Pilze, die die Sporen in einer Porenschicht bilden. Im Gegensatz zu den Röhrlingen ist diese Porenschicht kaum von der Unterseite der Pilze zu trennen. Man kann sich vereinfacht vorstellen, daß diese Röhren eine Vertiefung im Fruchtkörper, in der Regel also der Hutunterseite darstellen. Bei den Röhrlingen kann man sich die Röhren als zusammengewachsene Blätter denken. Viele Porlinge sind mehrjährige Arten. Jedes Jahr bildet sich eine neue Porenschicht. Die meisten Porlinge sind Holzbewohner und bilden feste holzartige, konsolenförmige Fruchtkörper an Bäumen. Da diese Fruchtkörper hoch über der Erde wachsen und die ausfallenden Sporen leicht vom Wind verweht werden können, erübrigt sich ein Stiel. Auf der Erde wachsende Arten haben Stiele.

Andere wichtige Familien der *Poriales* sind

Stachelpilze *(Hydnaceae)*

Diese Pilze bringen die Sporen an Stacheln oder Zäpfchen hervor. Die Oberflächenvergrößerung der Hutunterseite wird hier nicht durch Blätter oder Poren, sondern durch Stacheln erreicht.

Leistenpilze *(Cantharellaceae)*

bilden z.T. fleischige Fruchtkörper, meist trichterförmig, die auf der Hutunterseite keine Blätter, sondern Leisten tragen. Diese Leisten sind dicke Rippen, die wie verkümmerte Blätter wirken. Wahrscheinlich sind umgekehrt die Blätter weiterentwickelte Leisten. Der bekannteste Vertreter dieser Familie ist der Pfifferling.

Korallen- und Keulenpilze *(Clavariaceae)*

Wie der Name sagt, handelt es sich dabei um Pilze mit keulenförmigen oder korallenähnlichen Fruchtkörpern. Zahlreiche Verästelungen sorgen bei letzteren für eine große Oberfläche. Die Familie der *Clavariaceae* wird in mehrere Gattungen unterteilt. Man unterscheidet weltweit nahezu 500 verschiedene Arten. Unter den Korallenpilzen gibt es mehrere gute Speisepilze, aber auch leicht giftige Arten. Gefährliche Vergiftungen treten bei Verwechslungen allerdings nicht auf.

Abb. 142

Pfifferling — Eierschwammerl
Cantharellus cibarius Fr.

Wohlschmeckend

Es ist eigentlich nicht nötig, ihn zu beschreiben. Der Pfifferling ist der populärste Pilz. Jedermann kennt ihn oder glaubt, ihn zu kennen. Viele Pilzsammler suchen nur ihn und den Steinpilz. Auf den Märkten wird er verkauft, in Obst- und Gemüsehandlungen wird er angeboten, oft sogar schon im März, dann kommt er aus dem Mittelmeerraum.

Leider ist er heute in vielen Gegenden nicht mehr so häufig wie früher. Ob das wirklich stimmt, bleibt dahingestellt. Tatsache ist,

142 Pfifferling

143 Eine Gruppe Trompetenpfifferlinge

daß auch der letzte Moosfleck umgedreht wird, wenn ein Pfifferling darunter vermutet werden kann.

Ganz Gewitzte decken im Wald Pfifferlingstellen mit Reisig ab, damit ja niemand drankommt. Das ist jedoch völlig unnötig, es gibt so viele andere Pilze.

Der Pfifferling wächst sowohl in Laub- als auch in Nadelwäldern, erscheint meist truppweise und ist häufig. Seine Hauptzeit ist der Spätsommer und Herbst.

Der echte Pfifferling oder Eierschwamm ist trichterförmig, 3 - 6 cm breit, eigelb, glatt, hat herablaufende Leisten und kurze Stiele.

Die Leisten sind gegabelt, genauso gelb wie der Hut und queradrig verbunden. Die Stiele sind nach unten verjüngt und gehen direkt in den Hut über.

Der Hutrand ist anfangs eingerollt, später wellig und verbogen.

Der junge Pilz zeigt noch keine Vertiefung in der Hutmitte, sondern ist flach gewölbt.

Unter Buchen wächst eine Varietät, die auf der Oberfläche einen leichten lila Anflug hat.

Verwechseln könnte man den Pfifferling mit dem falschen Pfifferling. Dieser ist aber ein echter Blätterpilz und kein Leistling.

Der Pfifferling ist wohlschmeckend und ein hervorragender Speisepilz, der auf alle möglichen Arten zubereitet wird. Zum Trocknen eignet er sich nicht, da er nicht wieder weich wird.

Der Eierschwamm oder auch Rehling, wie er mancherorts genannt wird, ist schwer verdaulich. Seine Gerüstsubstanz wird im Körper nicht abgebaut. Deshalb ist er vor der Zubereitung möglichst gut zu zerkleinern.

Abb. 143 **Trompetenpfifferling**
Cantharellus tubaeformis (Bull.) Fr.

Eßbar Einem echten Pfifferling sieht er nicht unähnlich. Er ist trichterförmig wie dieser, aber dünnfleischig, nicht eigelb, sondern graubraun und hat außerdem einen hohlen Stiel, der nach oben in den Hut hinein offen ist.

Der Trompetenpfifferling ist 2 - 4 cm breit. Der Hut ist wellig kraus, matt oder glatt, genabelt, anfangs noch geschlossen, später durchbohrt.

Die Leisten sind graubraun, etwas heller als der Hut, dick, gegabelt und laufen am Stiel herab.

Der Stiel ist gelb bis orange-gelb, faltig, hohl und plattgedrückt.

In dichtem Moos unter Fichten, meist in Nadelwäldern, seltener im Laubwald wächst er oft in großen Trupps. An einer Stelle kann man Hunderte der unauffälligen Pilze ernten. Er ist häufig und wächst vom Juli bis November.

Der Trompetenpfifferling ist eßbar und ein guter Speisepilz. Wenn er auch nicht so berühmt ist wie sein gelber Bruder, so ist er doch als Mischpilz und Suppenpilz beliebt.

Abb. 144 **Herbsttrompete/Totentrompete**
Craterellus cornucopioides (L.) Fr.

Eßbar Die Totentrompete trägt einen sehr zutreffenden Namen, zumindest was ›Trompete‹ anbelangt. Der Hinweis auf die Toten ist nur ein Hinweis auf die schwärzliche Farbe. Freundlicher klingt der Name Herbsttrompete. Die Totentrompete ist ein gern benutzter Würzpilz, also keineswegs giftig, sondern eßbar.

Der Fruchtkörper bildet einen Trichter. Von einem Hut und Stiel kann man eigentlich nicht sprechen. Der Trichter ist hohl und dünnwandig. Der Pilz ist schwarzgrau bis braungrau gefärbt. Der obere Rand des Trichters ist wellig verbogen und anfangs umgeschlagen. Die Außenseite ist runzelig, leicht faltig und durch die reifen Sporen später weiß bereift.

Der Pilz wächst vor allem im Laubwald von August bis November. Die Totentrompete tritt meist büschelig und in großen Trupps auf. Man muß genau und aufmerksam schauen, wenn man diesen Pilz finden will. Im dichten Fallaub wird er oft übersehen.

Die Totentrompete soll nur jung verwertet werden. Man kann sie trocknen und als Würzpilz, aber auch als Zusatz zu Pilzsuppen und Mischgemüsen benutzen.

144 Herbst-trompete

Semmelstoppelpilz *Abb. 145*
Hydnum repandum (L. ex Fr.)

Familie Stachelpilze

Wohlschmeckend

Unter den Stachel- und Stoppelpilzen ist der Semmelstoppelpilz, Stoppelpilz oder auch nur Semmelpilz der bekannteste Vertreter. Bei oberflächlicher Betrachtung sieht er einem Pfifferling ähnlich, aber eben nur bei einer Betrachtung von oben. Umrisse und Form des Hutes sowie dessen Farbe erinnern an den Pfifferling. Hebt man den Pilz auf, so wird der Unterschied aber sofort klar.

145 Semmelstoppelpilz

Die Unterseite des Hutes ist mit Stacheln besetzt. Der semmelbraune oder auch ockerfarbene, ziegelbraune Hut ist oft felderig gerissen oder gebrochen, das Fleisch ist mürbe, nicht zäh oder faserig, die Oberfläche erscheint matt und trocken. Die Hüte sind 3 - 8 cm und mehr groß, unregelmäßig geformt, verbogen oder leicht wellig. Oft sind mehrere Hüte zusammengewachsen. Die Stacheln auf der Hutunterseite brechen leicht ab und bedecken im Pilzkorb andere Pilze wie Zucker. Die Stiele sind heller, beinahe weiß.

Verwechseln kann man den Semmelstoppelpilz nicht. Es gibt eine kleinere zierlichere, dünnfleischigere, rötlichere Art, die man in Nadelwäldern findet.

Der Semmelstoppelpilz wächst beinahe überall, in Laub- und Nadelwäldern, wenngleich man den Eindruck hat, daß er alte Buchenwälder vorzieht. Er ist ein Herbstpilz.

Der Semmelstoppelpilz ist ein wohlschmeckender Speisepilz. Alte Exemplare sind etwas bitter und sollten vor der Zubereitung abgebrüht werden.

Abb. 146 **Habichtspilz — Rehpilz**
Sarcodon imbricatum (L. ex Fr.) Quel.

Eßbar Der Habichtspilz ist ein sehr großer Stachelpilz. Bis zu 25 cm und mehr können einzelne Exemplare an Durchmesser erreichen. Die Oberfläche dieses Pilzes ist mit abstehenden Schuppen besetzt, die dem Pilz den Namen ›Habichtspilz‹ gegeben haben; diese Schuppen

146 Habichtspilz

erinnern an den Schnabel eines Habichts. Die Farbe des Hutes entspricht der Farbe des Habichtgefieders: braun bis dunkelbraun. Die Stacheln auf der Hutunterseite sind hellgraubraun, ähnlich wie der Stiel. Der Stiel ist kurz, erweitert sich nach oben in den Hut und ist nicht immer mittig angewachsen. Der Pilz ist flach bis leicht vertieft.
Der Habichtspilz ist eßbar. Er ist etwas bitter, weshalb man nur junge Exemplare sammeln sollte. Es ist angeraten, Habichtspilze durch eine Behandlung mit heißem Wasser von der Bitterkeit zu befreien.
Es gibt einen sehr bitteren Doppelgänger des Habichtspilzes, den Gallenstachling *(Sarcodon scabrosus)*. Seine Schuppen sind rotbraun, die zugespitzte Stielbasis ist schwärzlich-grün. Der Gallenstachling ist selten.

Schwefel-Porling *Abb. 147*
Laetiporus sulphureus (Bull. ex Fr.) Bond et Sing.

Jung eßbar

Der Schwefel-Porling bildet riesige, ausgedehnte Fruchtkörper an lebenden und toten Bäumen, vorwiegend an Laubbäumen; er wächst schon im Mai, bis in den Herbst.
Die konsolenartigen Fruchtkörper sind lebhaft schwefelgelb bis gelbrot gefärbt und stehen waagrecht vom Holz ab. Auch die Porenschicht ist schwefelgelb. Das ebenfalls gelbe Fleisch ist jung weich, saftig und eßbar. Vor der Zubereitung sollen die Pilze allerdings gut zerkleinert und in Salzwasser abgekocht werden.

147 Schwefel-Porling

148 Riesen-Porling

Abb. 149 **Eichhase**
Grifola umbellata (Pers. ex Fr.) Pilat

Eßbar Mit einem anderen Namen heißt der Eichhase auch ›Ästiger Büschel-Porling‹.
Die Hüte sind braun, schmutzigbraun, klein, flach, leicht schuppig und gerissen oder geschlitzt. Die Poren sind weiß und laufen von der Hutunterseite an den Ästen herab. Die Äste oder Stiele sind hell.
Der Pilz wächst zumeist an oder auf Holzstümpfen von Laubhölzern. Einem gemeinsamen Strunk entspringen zahlreiche verzweigte Äste, die an ihrem Ende einen kleinen Hut tragen.
Der Eichhase ist ein guter Speisepilz; er erscheint im Herbst.

Abb. 148 **Riesen-Porling**
Meripilus giganteus (Pers. ex Fr.) Karst.

Jung eßbar Dieser Pilz besteht aus vielen einzelnen Hüten, die dachziegelartig übereinander stehen und einem dicken wurzelnden Strunk entspringen. Die Hüte sind lappig, zungen- oder fächerartig. Auf diese Weise bildet der Pilz Gesamtfruchtkörper mit einer Ausdehnung bis über einen Meter. Die Hutoberseite ist braun, zimtbraun, leicht gezont und faserschuppig oder samtig bereift.
Die Stiele sind verästelt, unregelmäßig, grau bis graugelblich und verlaufen wurzelähnlich im Boden.
Die Poren sind blaß, bräunlich und schwärzen bei Berührung. Die-

149 Eichhase

150 Krause Glucke

se Schwarzverfärbung ist außer der Größe ein Erkennungszeichen dieses Pilzes.

Der Riesenporling wächst im Herbst am Grunde von Laubholzstümpfen, aber auch am Grunde lebender, dann allerdings kranker Bäume.

Er ist sehr häufig. Man findet ihn nicht nur in Wäldern, auch in Parks, öffentlichen Anlagen und Gärten.

Der Riesenporling imponiert wegen seiner Größe.

Der Pilz ist zäh und deshalb ungenießbar, nur jung in noch fleischigem Zustand kann er gegessen werden.

Krause Glucke

Sparassis crispa (Wulf. ex Fr.)

Abb. 150

Wohlschmeckend

Die Krause Glucke ist der größte Korallenpilz, der bei uns wächst.

Der Fruchtkörper entspringt einem mächtigen Strunk, der tief in der Erde sitzt, und besteht aus zahlreichen flachen, verzweigten Ästchen. Die Enden dieser Ästchen sind nicht spitz, sondern lappig, gekraust.

Die Farbe ist grauweiß, später gelblich bis bräunlich.

Die Krause Glucke wächst am Grund von Kiefernstämmen. Inmitten der alten Nadelstreu ist sie unauffällig und hebt sich nur wenig von der Umgebung ab. Sie hockt auf dem Boden wie eine Glucke auf dem Nest.

Sparassis crispa ist ein Herbstpilz.

An Eichenstämmen wächst die sehr ähnliche Eichenglucke,

Sparassis laminosa, die gelber gefärbt breitere Zweigenden hat und ebenfalls wohlschmeckend ist.
Die Krause Glucke ist ein sehr guter Speisepilz. Ältere Exemplare sind bitter. Die Enden der Korallenpilze verderben sehr bald. Braungefärbte, also alte Exemplare können deshalb Verdauungsbeschwerden hervorrufen.
Vor der Zubereitung muß der Korallenpilz von den reichlich anhaftenden Nadeln, Erdteilchen und anderem Schmutz befreit werden. Es ist deshalb notwendig, den aufgeschnittenen Pilz gut unter fließendem Wasser zu reinigen.
Die Krause Glucke schmeckt besonders gut, wenn sie wie Bratenfleisch mit einer Soße zubereitet wird.

Abb. 151 **Zitronengelbe Koralle**
Clavaria flava (Schff. ex Fr.)
= Ramaria flava

Es gibt mehrere Korallenpilze oder Ziegenbärte, die goldgelbe und zitronengelbe Farben zeigen.

Eßbar Die abgebildete Art *Clavaria flava* ist wohlschmeckend und kann ohne weiteres empfohlen werden. Sie wächst im Buchenwald und hat einen Fruchtkörper, der von einem Strunk ausgehend in zahlreichen Ästchen ausläuft. Dieser Strunk trägt am unteren Ende weinrote Flecken.

Die Goldgelbe Koralle *(Clavaria aurea)* ist der Zitronengelben Koralle sehr ähnlich und ist ebenfalls eßbar und gut.

Die Bauchwehkoralle *(Clavaria pallida)* ist blaß; sie ruft Verdauungsstörungen hervor.

Die Dreifarbige Koralle *(Clavaria formosa)* ist ebenfalls nicht zu empfehlen. Sie ist leicht giftig und zeigt die Farben weiß, lachsrosa und gelb. Weiß ist der Strunk, lachsrosa und gelb sind die Ästchen.

Die Bärentatze oder Hahnenkamm *(Clavaria botrytis)* hat einen weißlichen Fruchtkörper mit rötlichen Spitzen. Die Bärentatze ist eßbar.

Ältere gelbe Korallenarten bekommen eine einheitliche schmutziggelbe Farbe und sind dann sehr schwer auseinanderzuhalten. In diesem Zustand sollte man Korallenpilze meiden.

151 Zitronengelbe Koralle

Ordnung Bauchpilze **8.1.4.**
Gasterales

Zu den Bauchpilzen gehören mehrere Familien, die Sporen im Inneren eines Fruchtkörpers hervorbringen (Innensporer).
Das sporenbildende Geflecht nennt man Gleba. Dies ist eine fleischige Masse, die nach oder während der Sporenreife zu einem Pulver zerfällt. Die Gleba wird von einer Haut umgeben, die ein- oder mehrschichtig sein kann. Diese Haut, die Peridie, reißt im reifen Zustand auf oder zerfällt, so daß das Sporenpulver ins Freie gelangen kann.
Die Bauchpilze zeichnen sich durch einen großen Artenreichtum aus.
Für den Küchenmykologen sind die recht häufig vorkommenden Boviste und Stäublinge interessant.
Teuerlinge entwickeln die Sporen in linsenförmigen Gebilden, die sich in einem kleinen Tiegel befinden.
Die Stinkmorchel, ein Rutenpilz, hebt die Gleba durch ein stielähnliches Gebilde aus der Peridie heraus.
Erdsterne sind ebenfalls interessante Pilze. Die äußere Haut der kugeligen Fruchtkörper reißt in mehrere Segmente auf, die sich sternförmig nach hinten biegen und den Fruchtkörper vom Boden abheben.

152 Flaschenstäubling

Abb. 152 **Flaschenstäubling**
Lycoperdon perlatum Pers.

Jung eßbar und gut

Im Volksmund heißen die Stäublinge auch Boviste. Es sind Innensporer, Gasterales. Der Fruchtkörper ist kugelförmig. Im Innern des Fruchtkörpers befindet sich die Fruchtmasse, die sich nach und nach braun verfärbt, schließlich breiig wird, um bei der Reife zu trockenem Staub zu zerfallen. Die Hülle des Fruchtkörpers reißt auf und entläßt den Sporenstaub. Wenn man auf einen reifen Stäubling tritt oder darauf schlägt, entsteht eine riesige dunkle Staubwolke; Kinder lassen sich diesen Spaß meist nicht entgehen.

153 Kartoffel-Bovist

Der Flaschenstäubling hat die Form einer auf dem Kopf stehenden Korbflasche. Man kann sich auch eine Kugel denken, die zum Erdboden hin in einen Stiel übergeht. Der Fruchtkörper ist weiß und mit kleinen Stacheln besetzt. Der Flaschenstäubling wächst praktisch in allen Wäldern vom Sommer bis in den Herbst.
Jung, solange die Fruchtmasse noch weiß und fest ist, ist der Pilz eßbar und gut. Man muß ihn braten. Es gibt mehrere andere ähnliche Stäublinge, die ebenfalls jung eßbar sind. Vorsicht, Boviste oder Stäublinge nicht mit noch geschlossenen Grünen Knollenblätterpilzen verwechseln! Vorsicht ist geboten vor dem Kartoffel-Bovist.

Kartoffel-Bovist *Abb. 153*
Scleroderma vulgare (Horn.) Fr.

Dieser sieht aus wie eine rohe Kartoffel. Seine äußere Schale ist dick und felderig gerissen. Die Innenmasse ist zunächst hell, wird aber sehr bald von innen her violett-schwarz.
Der Kartoffelbovist wächst gerne in sandigen Misch- und Kiefernwäldern, aber auch in anderen Wäldern und ist stellenweise sehr häufig. Er wächst im Spätsommer und Herbst.
Der Pilz ist giftig und in jedem Fall zu meiden. *Giftig!*

154 Birnenstäubling (im Vordergrund: Blutmilchpilz)

Abb. 154

Birnenstäubling

Lycoperdon pyriforme (Schff. ex Pers.)

Jung eßbar

Die birnenförmigen Fruchtkörper wachsen in dichten Gruppen auf morschen Holzstümpfen. Sie sind bis zu 5 cm hoch, weiß, später bräunlich, mit einer groben Außenhaut, die körnig erscheint.
Die reifen Fruchtkörper platzen oben auf und bilden dabei eine fransige Öffnung, aus der der Sporenstaub austritt. Genau an dieser Stelle trägt der Fruchtkörper vor der Öffnung einen kleinen, meist gut sichtbaren Höcker.
Der Birnenstäubling wächst von August bis November und ist häufig.
Er ist jung eßbar, aber nicht sehr schmackhaft.
Im Vordergrund der Abbildung ist der Blutmilchpilz zu sehen.

Abb. 155

Riesenbovist

Calvatia gigantea (Batsch ex Pers.) Lloyd

Jung eßbar und gut

Jedes Jahr erscheinen in zahlreichen Lokalzeitungen Berichte über den Fund von Riesenbovisten.
Für den Laien ist es aber auch eine Überraschung, dem Riesenbovist zum erstenmal zu begegnen. Auch der erfahrene Pilzsammler freut sich jedesmal wieder, wenn er Calvatia gigantea findet.
An anderer Stelle wurde beschrieben, daß Wiesen, die an den Wald angrenzen, oft besonders viele Pilzarten hervorbringen.

155 Riesenbovist

156 Fransiger Erdstern

Auch der Riesenbovist wächst ab August bis in den Oktober hinein auf fetten Wiesen. Er ist sehr standorttreu und erscheint immer wieder an der gleichen Stelle.
Der Riesenbovist bildet einen weißen bis leicht cremefarbenen kugelähnlichen Körper, der normalerweise 30 cm Durchmesser hat, aber auch 40 und 50 cm erreichen kann.
Die Oberfläche ist glatt und lederartig. An der Basis sieht der Pilz aus, als sei er zusammengeschnürt. Schnecken fressen in die Kugel oft tiefe Löcher.
Nach der Reife bleibt von der Kugel eine schwammartige leichte braune Masse übrig, ein Fasergeflecht, der Rest der Gleba. Dichte Sporenwolken werden davon ausgeschieden, wenn man diesen Schwamm berührt oder darauf tritt. Der Wind treibt die braunen federleichten Reste des Riesenbovists noch im November über die Wiesen, selbst im nächsten Frühjahr kann man sie noch finden. Der Pilz wächst von August bis Oktober.
Der junge Riesenbovist ist eßbar und gut. Solange der Pilz beim Anschneiden noch rein weiße Schnittflächen zeigt, kann man getrost Scheiben abschneiden, in Ei oder Semmelbrösel wälzen und backen. Der Geschmack ist etwas streng und sagt nicht jedem zu. Viele Pilzfreunde essen den Riesenbovist gern.

Fransiger Erdstern
Geastrum fimbriatum (Fr.)

Erdsterne sind Pilze von ganz besonderem Reiz, eigentlich sind es Boviste. Ihre äußere Haut reißt schalenartig auf, krümmt sich nach hinten, erreicht den Erdboden und drückt jetzt den Fruchtkörper nach oben. Aus dem erhobenen Fruchtkörper kann der

austretende Sporenstaub besser an die Umgebung abgegeben werden.
Beim fransigen Erdstern zerreißt die äußere Hülle in 5 - 8 Lappen. Der ganze Pilz ist relativ klein, der kugelförmige Fruchtkörper ist ca. 1,5 bis 2 cm groß. Die Farbe ist weißlich. Bei der Reife platzt die Kugel auf; aus der entstehenden fransigen Öffnung tritt der Sporenstaub aus.
Man findet diesen Pilz von August bis Oktober im Wald, vorzugsweise auf sandigen Böden.
Alle Erdsterne sind ziemlich selten und deshalb zu schonen.

Abb. 157 **Stinkmorchel**
Phallus impudicus (L.) Pers.

Ungenießbar

Die Stinkmorchel ist in Wirklichkeit keine Morchel. Die Morcheln und Lorcheln zählen zu den Schlauchpilzen, die Stinkmorchel bringt ihre Sporen aber auf Basidien hervor, zählt also zu den Ständerpilzen, genauer gesagt zu den Bauchpilzen, den *Gasterales.*
In einem ›Hexenei‹ entwickelt sich die Gleba, die später durch einen rutenförmigen Stiel nach oben gehoben wird. Das Hexenei ist mit einer gallertigen Schicht gefüllt und macht keinen sehr appetitlichen Eindruck. Schneidet man die sich schwammig anfassende, von einer dichten Haut umschlossene Kugel auf, erkennt man im Querschnitt die Anlage des ganzen Pilzes.
Der reife Pilz trägt auf einem stielähnlichen Gebilde die olivgrüne Fruchtmasse, die dem Stiel wie eine Kappe aufsitzt. Die Stinkmorchel verbreitet in diesem Zustand einen ekelhaften Gestank, der Fliegen anzieht, die den Sporentransport besorgen. Was also der Spaziergänger als unangenehm empfindet, ist in Wirklichkeit eine sinnvolle Einrichtung der Natur zur Arterhaltung der Stinkmorchel.
Die Stinkmorchel wächst überall, vom Sommer bis in den Spätherbst, sowohl in Laub- als auch in Nadelwäldern. Da sie bisweilen auch auf Friedhöfen vorkommt, hat sie auch den Namen ›Leichenfinger‹. Ihr Geruch und nicht ganz appetitliches Aussehen verbieten es von selbst, diesen Pilz zu essen.
Angeblich kann man geschlossene Hexeneier essen. Die Außenhaut ist zu entfernen, das geschälte Hexenei wird abgekocht und dann gebraten. Wer will, kann es versuchen.

Abb. 158 **Dünger-Teuerling**
Cyathus stercoreus (Schw.) de Toni

Ungenießbar

An faulendem Holz findet man bisweilen becherförmige kleine Pilzchen, die einen Durchmesser von 0,5 - 1 cm haben und ca. 1 cm

157 Stinkmorchel mit aufgeschnittenem ›Hexenei‹

hoch sind. Die Becher sind bei jungen Pilzen durch einen Deckel verschlossen. Ist der Deckel nach der Reife zerplatzt, erkennt man in dem Becher linsenförmige kleine Gebilde, die eigentlichen Fruchtkörper.

Der Dünger-Teuerling wächst auf Komposterde, Mist oder aber auch in Blumenkästen. Die auf der Abbildung gezeigten Pilze wurden an den Brettern einer kleinen Holzkiste gefunden, wie sie in Gärtnereien manchmal beim Einkauf von Setzlingen verteilt werden.

Der Dünger-Teuerling ist an der Außenseite blaßgrau, innen dunkler. Die abgebildeten Exemplare waren schon älter und nicht mehr einwandfrei zu bestimmen, so daß es sich eventuell auch um einen anderen Teuerling handeln könnte.

158 Dünger-Teuerling

8.2. Unterklasse: Ständerpilze mit geteilten Basidien

Heterobasidiomycetidae

Zu dieser Unterklasse zählen u.a. viele Pilzarten von gallertiger Beschaffenheit. Als ein Vertreter sei der

Abb. 159 **Rötliche Gallerttrichter**
Tremiscus helvelloides (DC. ex Fr.) Donk
= Phlogiotis rufa (Quel.)

Eßbar genannt. Dieser Pilz bildet einen trichter- oder trompetenförmigen Fruchtkörper, der auf einer Seite gespalten ist. Die Form ist sehr veränderlich.
Der Pilz ist orange, orangerosa, bis 10 cm hoch und 4 - 5 cm breit. Er wächst in Gruppen oder Büscheln an feuchten Stellen im Nadelwald, besonders im Gebirge.
Der Rötliche Gallerttrichter ist eßbar und wird vornehmlich als Salat zubereitet (Ochsenmaulsalat).

Weitere ähnliche Pilze wären z.B. der Gallertige Zitterzahn *(Pseudohydnum gelatinosum* (Eispilz) oder der rotbraune Zitterling *(Tremella foliacela)*. Im Winter findet man an Ästen sehr oft den Goldgelben Zitterling *(Tremella mesenterica)*.

159 Rötlicher Gallerttrichter

Klasse Schlauchpilze

9.

Ascomycetes

Wie bereits erwähnt, erzeugen die Pilze dieser Klasse die Sporen in Schläuchen. Die meisten Schlauchpilze sind ohne Mikroskop nicht sichtbar. Ca. 30000 Arten zählen zu den Schlauchpilzen. Nur wenige sind für den Pilzfreund interessant.

Die wichtigsten Familien für uns Pilzsammler sind die:
Morcheln *(Morchellaceae)*
Lorcheln *(Hellvellaceae)* und
Becherlinge *(Peziza)*,
die alle zu den *Pezizales* zählen.

Speise-Morchel
Morchella esculenta (L. ex Pers.)

Abb. 160

Familie Morcheln

Wohlschmeckend

Vom April bis Mai wächst die Speisemorchel. Es gehört viel Erfahrung dazu, sie zu finden. Sie soll wachsen in Laubwäldern, Parkanlagen, unter Pappeln, in der Nähe alter Brandstellen, unter Reisig, unter Erlen, in Lehmböden, an Wiesenrändern und schließlich an Bachufern.

160 Speise-Morchel — **Maurachen, Mairaucher, Mairocherl**

Ich selbst hatte trotz intensivster Suche die Speise-Morchel nie gefunden, bis eines Tages ein älterer Herr, der regelmäßig zur Pilzberatung kommt, mir einen Korb voll brachte und voller Stolz berichtete, daß er die Morcheln unter Apfelbäumen im hohen Gras auf einer Wiese gefunden habe. – Im gleichen Jahr habe ich auch selbst welche gefunden, ebenfalls auf einer Wiese, am Waldrand, am Übergang von Wiese zu Wald, in der Nähe von Apfelbäumen und Buchen. Es rentiert sich eben immer wieder, Waldränder aufmerksam abzusuchen.

Die Morcheln sind standorttreu. Manches Jahr erscheinen sie an einer bestimmten Stelle in Massen, um im nächsten Jahr vielleicht gänzlich an diesem Platz zu fehlen. Aber sie kommen bestimmt wieder, dann eben ein Jahr später.

Die Speise-Morchel bildet gelblich-braune, ovale bis rundliche Hüte, die innen hohl sind. Die Außenfläche ist grubig vertieft. Die einzelnen Grübchen sind durch faltige Rippen voneinander getrennt. – Die Stiele sind hell, dick und hohl.

Die Speise-Morchel ist ein sehr guter Speisepilz. Es gibt zahlreiche Rezepte zur Verwendung der Morchel, z.B. kann man die Hüte mit einer Füllung versehen und als Suppeneinlage benützen. Überhaupt wird die Morchel mehr als Beilage in der Küche verwendet und weniger als selbständiges Gericht. Hier darf auf Rezepte in einschlägigen Kochbüchern verwiesen werden.

Abb. 161 **Frühjahrslorchel**
Gyromitra esculenta (Pers. ex Fr.)

Tödlich giftig

Während die Morcheln Köpfe oder Hüte mit Längs- und Querrippen besitzen, sind die Hüte der Lorcheln lappig.

Die bekannteste Lorchel ist zweifellos die Frühjahrslorchel. Sie hat einen rotbraunen bis dunkelbraunen Hut. Wulstige Partien lassen diesen Hut hirnähnlich erscheinen. Die unregelmäßigen Lappen sind mit dem Stiel verwachsen. Der Stiel ist weißlich, etwas grau bis hellgelblich, faltig, dick und nur 2 - 5 cm lang. Die Hüte erreichen Durchmesser von nahezu 10 cm. Die Form der Frühjahrslorchel ist sehr variabel.

Die Pilze wachsen im zeitigen Frühjahr von Anfang April bis Mai und bevorzugen sandige Kiefernwälder.

Der lateinische Name weist diese Lorchel als eßbar aus. Tatsächlich wird auch in älteren Pilzbüchern erklärt, daß man sie essen könne, allerdings wird gleichzeitig empfohlen, sie vor der Zubereitung abzukochen und das Kochwasser zu verwerfen.

In vielen Gegenden Europas wird die Frühjahrslorchel noch heute viel verbraucht, sie schmeckt offenbar sehr gut.

Die Frühjahrslorchel ist tödlich giftig. Sie hat schon viele Todesfälle verursacht. Das Gift der Frühjahrslorchel ist wasserlöslich,

161 Frühjahrslorchel

daher die Empfehlung, die Pilze abzukochen. Aber auch das Abkochen ist kein absoluter Schutz vor Vergiftungen.
Wenn bei anderen Pilzen Abkochen empfohlen wird, dann geht es darum, Bitterstoffe zu zerstören oder einen bestimmten Geschmack zu beseitigen. Hier geht es aber darum, ein tödliches Gift zu entfernen.
Ein Pilz, der aber nur dann nicht giftig ist, wenn er sorgfältig behandelt wird, wobei die empfohlene Behandlung noch nicht einmal absoluten Schutz gewähren kann, hat in der Küche nichts zu suchen. Hände weg von der Frühjahrslorchel!

Herbstlorchel
Helvella crispa (Scop. ex Fr.)

Abb. 162

Eßbar

Die Herbstlorchel erscheint im August bis Oktober in Laubwäldern und ist ziemlich häufig. Sie ist mittelgroß, bis zu 5 cm hoch, aber auch bis zu 10 cm, weißlich bis gelblich und besitzt einen lappigen, unregelmäßig geformten Hut, der aus mehreren dünnfleischigen Teilen besteht.
Der Stiel ist ebenfalls hell, nach unten verdickt, rippig, faltig, wie mit langen Furchen versehen und hohl.
Die Herbstlorchel ist eßbar, schmeckt aber nicht besonders gut. Der dumpfe Geschmack geht zurück, wenn man den Pilz vor der Zubereitung abbrüht.

162 Herbst-lorchel

Abb. 163 **Elastische Lorchel**
Leptopodia elastica (Ball.) Boud.

Gering-wertig Die Elastische Lorchel ist gelbgrau, weißlich-grau, mittelgroß und hat einen Hut, der aus löffelähnlichen, sattelförmigen Lappen besteht. Die Stiele sind weißlich, dünn und verhältnismäßig lang.
Sie wächst in Laub- und Nadelwäldern und ist nicht selten. Man findet die Elastische Lorchel nur im Herbst.
Als Speisepilz ist diese Lorchel ohne Bedeutung.

Abb. 164 **Schildförmiger Scheibenbecherling**
Discina perlata (Fr.) Fr.

Eßbar Dieser Becherling erscheint im April und Mai vor oder mit den Morcheln. Er ist ein guter Speisepilz. Da er unser größter Becherling ist, heißt er auch ›Breitester Becherling‹. Er wächst auf feuchtem Boden im Nadelwald.
Der Fruchtkörper ist eine braune Scheibe, glatt, filzig, schüsselförmig, flach, lappig, runzelig. – Der Stiel ist kurz, gerippt und dick.

Abb. 165 **Leuchtender Prachtbecherling**
Caloscypha fulgens (Pers.) Boud.

Eßbar Der Prachtbecherling ist rot bis orange und außen blaß. Der schüsselförmige Fruchtkörper ist wellig, lappig, dünnfleischig und un-

163 Elastische Lorchel

regelmäßig, zunächst halbkugelförmig, später becherförmig.
Er erscheint im Frühjahr in Nadelwäldern, vorwiegend auf Kalkböden.
Bekannt und weit verbreitet ist der Orangerote Becherling *(Peziza aurantia),* der zerbrechliche orangerote Scheiben bildet, die oft zu Hunderten an Wegrändern wachsen.
Beide Becherlinge sind eßbar.

165 Leuchtender Prachtbecherling

164 Schildförmiger Scheibenbecherling

166 Geweihförmige Holzkeule

167 Gelbe Lohblüte

Abb. 166
Ordnung Sphaeriales

Geweihförmige Holzkeule
Xylosphaera hypoxylon (L.) Dum.

Ungenießbar

An morschen oder faulenden Laubholzstümpfen wächst die geweihförmige Holzkeule zu Hunderten. Meist wird jedoch der kleine Pilz gar nicht beachtet oder auch gar nicht als Pilz erkannt.
Er ist klein, 3 - 5 cm hoch, selten höher, 3 - 4 mm dick und bildet geweihförmige, verzweigte holzige Fruchtkörper. Die vorherrschende Farbe ist schwarz. Die Spitzen tragen einen weißen, filzigen Überzug.
Man findet die geweihförmige Holzkeule im Winter und Frühjahr.
Der Pilz ist nicht eßbar.

Die im Folgenden behandelte Gelbe Lohblüte gehört nicht zu den Schlauchpilzen, sondern zur Klasse der Schleimpilze:

Abb. 167

Gelbe Lohblüte
Fuligo septica (L.) Weber

Klasse Schleimpilze

Bisweilen findet man im Wald auf alten Laubblättern und faulendem Holz gelbe, rötlichbraune Schaumpolster. Diese Klumpen können mehr als 10 cm im Durchmesser erreichen und 3 bis 4 cm hoch sein. – Der Schaum besteht aus den Sporangien eines Schleimpilzes.

Abb. 154

Ein anderer Schleimpilz ist der Blutmilchpilz *(Lycogala epidendron)*, der mennigrote kleine Kügelchen von Erbsengröße bildet.
Die Schleimpilze sind eine artenreiche Klasse von Pilzen, die kein Myzel bilden, sondern nackte Protoplasmamassen.

Die Zucht von Pilzen

10.

Pilze kann man leider nicht wie andere Pflanzen züchten. Es geht nicht, daß man ›Pilzsamen‹ auf den richtigen Boden streut und darauf wartet, bis man entsprechende ›Pilzfrüchte‹ abernten kann.
Pilze pflanzen sich durch Sporen fort; diese besitzen keine Vorratsnahrung für den Keimling. Die keimende Pilzspore ist darauf angewiesen, daß sie sofort verwertbare Nahrung vorfindet. Pilze leben nur von vorhandener organischer Substanz, entweder von lebenden oder toten Pflanzen oder Tieren.
Die bekanntesten Speisepilze wie Steinpilze, Maronen und alle anderen Röhrlinge, aber auch Pfifferlinge und Reizker und viele andere Pilze bilden Lebensgemeinschaften mit Bäumen. Diese sog. Mykorrhizapilze scheiden für die Pilzzucht aus. Wer einen großen Garten mit vielen Bäumen besitzt, kann allenfalls auf einen günstigen Zufall warten.
Die Zucht von parasitischen Pilzen, d.h. Pilzen, die auf lebenden Pflanzen wachsen, verbietet sich von selbst, da diese arge Holzzerstörer sind.
Für die Pilzzucht bleiben deshalb nur diejenigen Speisepilze übrig, die saprophytisch leben, d.h. als Nährsubstrat abgestorbene Pflanzenteile besiedeln, also Holz, Baumstümpfe, Stroh, Blätter, Nadelstreu usw. Zu diesen Pilzen zählen Champignons, Schüpplinge, Träuschlinge u.a. Die bekanntesten Zuchtpilze sind:

Zuchtchampignons
Stockschwämmchen
Rauchgrauer Schwefelkopf
Austernseitling
Rotbrauner Riesenträuschling
Violetter Ritterling
Shiitakepilz.

Diese Aufzählung kann selbstverständlich nicht vollzählig sein, da man sich an zahlreichen Stellen mit der Pilzzucht beschäftigt und die Liste der gezüchteten Pilze immer größer wird.
Der zuletzt genannte Pilz kommt aus Japan und wird dort in großen Mengen gezüchtet. Aber auch bei uns ist die Zucht des Shiitakepilzes möglich.
Bekannter ist die Zucht der Champignons. Es gibt in der Bundesrepublik zahlreiche Unternehmen, die die Zucht dieser Pilze kommerziell betreiben. Es handelt sich bei diesem Champignon um eine Form des zweisporigen Champignons *(Agaricus bisporus)*. Die Zucht der übrigen Champignons, die nicht wie der zweisporige

Champignon auf Mist gedeihen, sondern auf Humus, ist sehr viel schwieriger.

Die Zucht von Pilzen erfolgt in mehreren Schritten. Zunächst müssen die Sporen zur Keimung gebracht werden. Da die Sporen keine Vorratsnahrung enthalten, gelingt dies nur auf Nährböden. Diese Nährböden enthalten Nährlösungen (Malz, Agar u.a.). Der Vorgang erfolgt in kleinen Glasgefäßen. Die notwendigen Sporen werden von reifen Fruchtkörpern der entsprechenden Pilze gewonnen.

Da aber auf den genannten Nährböden auch sehr viele andere Mikroorganismen gedeihen, müssen sowohl der Nährboden als auch die Sporen und selbstverständlich auch die verwendeten Geräte steril gehalten werden. Dies wird durch Erhitzen in kleinen Autoklaven (Druckbehälter) auf 120°C oder durch Behandeln mit Chemikalien oder durch Bestrahlungen erreicht. Der ›Pilzamateur‹ hat normalerweise keine Gelegenheit und auch keine praktischen Kenntnisse, um diese Operationen durchzuführen.

Bei positivem Verlauf bildet sich in dem Nährboden ein Myzel aus. Dieses Myzel wird nun auf ein Zwischensubstrat übertragen. Das Zwischensubstrat wird von Myzel durchwuchert.

Diese Zwischensubstrate sind als Impfpropfen für die eigentliche Pilzzucht geeignet. In dieser Form gelangen sie auch in den Handel und stehen dem Amateur zur Verfügung.

Normalerweise werden Impfzylinder in der Größe von 10 cm Durchmesser und 25 cm Höhe angeboten. Ausführliche Gebrauchsanleitungen sind in der Regel beigefügt.

Die Zucht des Rotbraunen Riesenträuschlings ist sehr verbreitet, da sie offensichtlich einfach ist und dieser Pilz darüber hinaus als ein guter Speisepilz gilt. Für die Zucht wird reines Getreide- oder Leinstroh verwendet. Dieses Stroh wird durch Begießen und Wenden solange befeuchtet, bis es etwa 70 % Wasser aufgenommen hat. Beim Zusammendrücken des Strohs in der Hand muß Wasser ausgequetscht werden können. Dieser Vorgang dauert u.U. mehrere Tage, da die Wasseraufnahme des Strohs nur langsam erfolgt. Holzrahmen von ca. 120 x 120 x 20 cm werden an einem windstillen schattigen Platz auf dem Boden angebracht, die Erde 35 cm tief entfernt und nun Stroh in dichten Lagen eingefüllt. Man geht schichtweise vor und bringt jeweils ca. 8 cm hoch Stroh auf, das durch Stampfen, Treten usw. stark verdichtet wird. Durch Einbringen mehrerer Schichten wird schließlich eine Gesamthöhe von 30 cm erreicht. Man braucht ca. 20 - 25 kg Stroh pro Quadratmeter.

Stücke des Impfmaterials von ca. 2 - 3 cm Durchmesser werden in 5 - 8 cm Tiefe in das Stroh eingelegt, im Abstand von etwa 10 - 15 cm. Ein Impfzylinder reicht für 1,5 m², also ca. ein Beet der oben genannten Größe. Die Setzlöcher sind natürlich gut zu schließen. Das Beet wird mit Folien oder Fenstern abgedeckt, ein Luftspalt muß offen bleiben. Die Temperatur soll 20 - 30°C betragen. Nach 4 - 5 Wochen hat das Myzel das Substrat durchwuchert und wird sichtbar. Jetzt wird die Beetfläche mit Blumenerde oder einem Gemisch aus Blumenerde und Torf 6 cm hoch bedeckt und glattgestrichen (Kein Kalk! Kein Mist! Die Erde muß sauer sein). Die Deckschicht muß feuchtgehalten werden, Sonneneinstrahlung ist zu vermeiden. Die Beete werden mit Schilfmatten, Säcken u.a. abgedeckt. Vier bis fünf Wochen nach dieser Abdeckung oder 8 - 10 Wochen nach der Impfung erscheinen die ersten Fruchtkörper. Auch im Folgejahr kann mit Ernte gerechnet werden. Haupterntezeit ist der August, bis in den Spätherbst hinein. Es wird empfohlen, die Fruchtkörper zu ernten, kurz bevor sich die Hüte ganz öffnen.

Das mag als Beispiel für die Zucht von Pilzen genügen. Wer sich näher für dieses interessante Hobby interessiert, wird auf entsprechende Literatur verwiesen.

11. Fotografieren von Pilzen

Wer gerne fotografiert und gleichzeitig ein Pilzfreund ist, wird den Wunsch haben, auch Pilze zu fotografieren. An Motiven fehlt es dann nie. Eine Sammlung guter Pilzdias findet auch immer Anklang bei Freunden und Bekannten.

Die besten Aufnahmen gelingen mit einer Mittelformat-Kamera 6 x 6; leider ist eine solche Ausrüstung sehr teuer und außerdem schwer und damit etwas unpraktisch. Aber auch mit einer Kleinbild-Kamera 24 x 36 mm gelingen gute Bilder. Eine Spiegelreflex-Kamera mit Innenmessung sollte es aber sein.

Pilze sind durchschnittlich 5 - 10 cm groß. Auf dem Kleinbildformat können Abbildungen von 1 - 2 cm Größe erreicht werden. Dies bedeutet, daß das natürliche Motiv etwa 3- bis 10fach verkleinert wird. Ohne Zwischenring oder Vorsatzlinse ist dies nicht ohne weiteres möglich. Vorteilhaft ist ein Makroobjektiv von 90 oder 100 mm Brennweite. Makroobjektive sind auf die Nähe korrigiert und erlauben kürzere Einstellentfernungen als Normalobjektive. Ein Teleobjektiv von 100 - 130 mm Brennweite ist ebenfalls in Kombination mit Zwischenringen geeignet.

Bei Nahaufnahmen muß wegen der Tiefenschärfe nach Möglichkeit weit abgeblendet werden. Blende 8 - 11 reicht meistens aus, um den Pilz von vorn bis hinten scharf abzubilden. Man stelle in jedem Fall auf den vordersten Teil des Pilzes scharf ein und nicht etwa auf den Stiel. Ein unscharfer Hutrand wirkt häßlich. Bei Blendenautomaten mit Offenmessung kontrolliere man die Tiefenschärfe durch Umschalten auf Arbeitsblende. Selbstverständlich soll auch der Stiel scharf abgebildet sein.

Im Wald herrscht meist gedämpftes Licht. Pilze wachsen im Herbst, einer Jahreszeit, wo es früh dunkel wird. Nach 16 Uhr sind kaum noch Aufnahmen im Wald bei natürlichem Licht möglich. Deshalb fotografiert man Pilze am besten morgens. Die Zeit von 10 Uhr vormittags bis 14 Uhr nachmittags ist die beste.

Bei den genannten kleinen Blendenwerten ergeben sich meist Belichtungszeiten von 1/30 sec. bis 1 sec. Die Belichtungszeiten können ohne Stativ nicht bewältigt werden. Man beschaffe sich deshalb unbedingt ein Stativ. Dieses sollte nicht zu schwer, aber trotzdem stabil sein. Auf jeden Fall muß das Stativ die Anbringung der Kamera kurz über dem Erdboden ermöglichen. Die Auswahl an geeigneten Stativen ist leider gering.

Vorteilhaft ist es, wenn die Kamera einen Sucher oder Sucheraufsatz besitzt, der den Durchblick von oben ermöglicht.

Pilze wachsen im Wald; dort ist der Boden oft feucht oder schmierig. Der Fotograf muß aber in jedem Fall auf die Knie, um die

Pilze an ihrem natürlichen Standort aufzunehmen. Nehmen Sie deshalb eine Plastikfolie oder wenigstens ein altes Tuch mit, um darauf knien zu können, sonst gibt es durchweichte Kleider.
Die Pilze von ihrem natürlichen Standort zu entfernen und sie an anderen Stellen im Wald oder gar im Studio zu fotografieren ist schwierig. Es ist nicht ohne weiteres möglich, den natürlichen Eindruck aufrechtzuerhalten. Bei großen festen Pilzen mag dies noch angehen, bei büschelig wachsenden, dünnen oder gebrechlichen Pilzen geht der natürliche Eindruck verloren. Will man alle typischen Merkmale eines Pilzes wiedergeben, ist es meistens notwendig, ein Exemplar umzulegen, anzuschneiden oder wenigstens aus zwei verschiedenen Perspektiven aufzunehmen.
Dabei entstehen zwar Aufnahmen mit hohem Informationsgehalt, aber eben keine schönen Aufnahmen.
Gut macht es sich, wenn man von einer Art mehrere Exemplare in verschiedenen Entwicklungsstadien antrifft.
Als Filmmaterial verwende man möglichst feinkörnige Filme mit niederen oder mittleren Empfindlichkeiten.
Dunkle Pilze mit hellen Blättern oder weiße Pilze auf dunklem Untergrund bieten eine besondere Schwierigkeit. Die hellen Teile des Pilzes werden leicht überbelichtet. Entweder belichte man in diesen Fällen eine Stufe weniger, als der Belichtungsmesser anzeigt, oder man verlasse sich bei der Belichtungsmessung nur auf Spotmessung.
Die Verwendung von Blitzlicht ist natürlich ebenfalls möglich. Nachteilig ist dabei das Auftreten dunkler Schlagschatten und die Tatsache, daß der Waldboden kaum Licht reflektiert und deshalb geblitzte Aufnahmen meist unterbelichtet werden. Bei nahen Aufnahmeabständen muß das Blitzgerät von der Kamera getrennt und über ein Kabel angeschlossen werden.
Etwas problematisch ist der Transport der umfangreichen Fotoausrüstung auf längeren Wanderungen quer durch Wälder oder unwegsames Gelände. Am besten bewährt sich hier ein Rucksack. Wikkeln Sie Ihre Kamera und Objektive in Tücher ein und verstauen Sie alles sorgfältig. Eine Fototasche ist weniger zweckmäßig.
Übrigens gehen Sie nicht planlos auf Fotojagd. Überlegen Sie genau, welche Pilze Sie fotografieren wollen. Halten Sie zunächst ohne Kamera Ausschau nach Ihren Motiven. Machen Sie sich einen kleinen Zeitplan. Rein zufällig gelingt selten eine gute Aufnahme. Haben Sie aber den gesuchten Pilz endlich im Sucher, dann sparen Sie nicht an Filmmaterial. Die Gelegenheiten wiederholen sich nicht allzuoft und eine Pilzsaison ist schnell vorüber. Erst ein Jahr später kann das mißlungene Foto wiederholt werden.

12. Erklärung einiger Fachausdrücke

Ascus	Schlauch, in dem sich die Sporen der Schlauchpilze bilden
Basidie	Ständer, sporenerzeugendes Organ
Basis (Stiel-)	Stielende, dem Boden zugewandt
Blätter	siehe Lamellen
Cortina	Haarschleier
Flora	Pflanzenwelt
Fruchtschicht	Schicht, die Sporen erzeugt (Blätter, Röhren, usw.)
gelatinös	weich, geleeartig
Gleba	Masse in Stäublingen und Bovisten
Hexenring	Pilzfruchtkörper, die kreisförmig auf dem Erdboden wachsen
Hülle	Velum (siehe dort)
Hüllreste	flockenförmige Teilchen der ehemaligen Hülle
hygrophan	wechselnder Wassergehalt in Pilzhüten; mit wechselndem Wassergehalt ändert sich die Hutfarbe.
Hyphen	sich aus der Spore entwikkelnder Fasersproß
Indigo	Farbstoff
Konidien	Nebenfruchtformen, abgeschnürte Zellen zur ungeschlechtlichen Fortpflanzung bestimmter Pilzarten
konkav	vertieft
konvex	erhaben
konzentrisch	kreisförmig angeordnet
Küpe	Farbstofflösung
Lamellen	Fruchtschichttragende Blätter auf der Hutunterseite der Blätterpilze
-schneide	Oberkante der Lamellen
Leisten	ähnlich Lamellen, aber dick, breit, ›verkümmert‹
Makropilze	Großpilze, sichtbar ohne Mikroskop
Mikropilze	Kleinpilze, nur mit Mikroskop sichtbar
Milch	Saft, den bestimmte Pilzarten, Milchlinge, abscheiden. Dieser Saft ist keine echte Milch, erinnert nur an Milch.
Mykologie	Pilzkunde
Mykologe	Wissenschaftlicher Pilzkundler
Mykorrhiza	›Pilzwurzel‹, von Pilzfäden durchdrungene Pflanzenwurzel (Symbiose)
Myzel	eigentliche Pilzpflanze, meist unterirdisches Fasergeflecht
organisch	von Organismen, Pflanzen oder Tieren stammend (organisch, im Sinne der organischen Chemie, ist damit nicht gemeint)
Parasit	Hier Pilze, die auf lebenden Pflanzen oder Tieren, auf Kosten derselben leben.
parasitär	parasitisch
Peridie	Außenhaut
Poren	Mündungen der Röhren bei Röhrenpilzen und ›löcherähnliche‹ Vertiefungen der Porlinge in der Hutunterseite
radial	von einem Mittelpunkt ausgehend, nach außen strahlenförmig
Röhren	röhrenartige Fruchtschicht der Röhrlinge
Röhrenboden	Fläche der Hutunterseite, an die die Röhrenschicht angewachsen ist.
Röhrenmündungen	Öffnung der Röhren, oberes Ende der Röhren

Scheide	Reste der Gesamthülle, die die Knolle der Wulstlinge lappig umhüllt.
Schleier	spinnwebartiges Gewebe zwischen Hutrand und Stiel bei den Haarschleierpilzen
Sporangie	Sporenbehälter
Sterigme	Stielchen, mit dem die Spore an der Basidie angewachsen ist.
Struktur	Oberfläche der Sporen, glatt, höckerig, gefurcht usw.
Substrat	Nährboden, in dem das Myzel leben kann.
Symbiose	Lebensgemeinschaft
Velum	Gesamthülle, die den ganzen Pilz umhüllt. (Wulstlinge)
Velum partiale	Teilhülle, zwischen Hut und Stiel
Volva	Scheide
Zystiden	Charakteristisch geformte Zellen, zwischen den sporenbildenden Zellen, Funktion unbekannt.
Zytologie	Zellenlehre

Pilzliteratur 13.

Jeder Pilzfreund, der sich intensiv mit Pilzen befaßt, legt sich nach und nach eine kleine Bibliothek an Pilzbüchern zu. Neben allgemeinen Pilzbüchern werden sich darin auch bald ausführlichere Nachschlagewerke, Monographien, sowie Bücher, die spezielle Fragen der Pilzkunde behandeln, finden. Im folgenden sind einige Bücher und Zeitschriften aufgeführt, die der Autor teilweise neben seinen eigenen Erfahrungen und Aufschrieben benutzt hat.

Allgemeine Pilzbücher:

F. Engel, Pilzwanderungen, Wittenberg 1965
H. Haas, Pilze Mitteleuropas, Stuttgart 1967
H. Haas, H. Schremp, Pilze in Wald und Flur, Stuttgart 1970
H. Haas, H. Schremp, Pilze, die nicht jeder kennt, Stuttgart 1972
J. Peter, Das große Pilzbuch, Berlin 1964
W. Rauh, Unsere Pilze, Heidelberg 1959

Speziellere Pilzliteratur/Nachschlagewerke

E. Michael/B. Hennig, Handbuch für Pilzfreunde

Band I	Die wichtigsten und häufigsten Pilze, Jena 1968
Band II	Nichtblätterpilze, Jena 1971
Band III	Hellblättler und Leistlinge, Jena 1964
Band IV	Blätterpilze Dunkelblättler, Jena 1967
Band V	Milchlinge und Täublinge, Jena 1975
Band VI	Die Gattungen der Großpilze Europas H. Kreisel, Bestimmungsschlüssel, Gesamtregister, Jena 1975

B. Cetto, Der große Pilzführer (2 Bde.), München, Bern, Wien 1978

Bestimmungsbuch

M. Moser, Kleine Kryptogamenflora, Band IIb 2, Die Röhrlinge und Blätterpilze, Stuttgart 1978

Monographien
Die Pilze Mitteleuropas
Band II b W. Neuhoff, Die Milchlinge *(Lactarii)*, 1975 (1956)
Band III J. Schäffer, *Russula*, Bad Heilbrunn 1952
Band IV M. Moser, Die Gattung *Phlegmacium*
Band V R. Singer, Die Röhrlinge I, Bad Heilbrunn 1965
Band VI R. Singer, Die Röhrlinge II, Bad Heilbrunn 1967

Zeitschriften
Zeitschrift für Pilzkunde, Organ der deutschen Gesellschaft für Pilzkunde
Südwestdeutsche Pilzrundschau, Organ des Vereins der Pilzfreunde Stuttgart

Bücher über spezielle Fragen der Pilzkunde
W. Bötticher, Technologie der Pilzverwertung, Stuttgart 1975
R. M. Dähncke, Pilzsammlers Kochbuch, München
Gerlach, Botanische Mikrotechnik, 1977
Graebner, Mikroskopieren, 1973
J. Lelley, Pilze aus dem eigenen Garten, München 1978
A. Meixner, Chemische Farbreaktionen von Pilzen, 1975
H. Steineck, Pilze im Garten, 1976

14. Register

14.1. Verzeichnis der beschriebenen und erwähnten Arten und Gattungen

14.2. Österreichische Bezeichnungen einzelner Pilzarten

Austernseitling *(Pleurotus ostreatus)* — Kalbfleischpilz
Birkenpilz *(Leccinum scabrum)* — Kapuziner, Rauhfuß, Unveränderl. Geißfuß
Birkenreizker *(Lactarius torminosus)* — Giftreizker, Zottiger Reizker
Champignon *(Agaricus)* — Egerling
Echter Reizker *(Lactarius deliciosus)* — Karottenmilchling
Flockenstieliger Hexenpilz *(Boletus erythropus)* — Schusterpilz, Samtkappe
Gallenröhrling *(Tylopilus felleus)* — Bitterling
Großer Gelbfuß *(Gomphidius glutinosus)* — Kuhmaul, Schmierling
Grünling *(Tricholoma flavovirens)* — Echter- oder Speiseritterling
Habichtspilz *(Sarcodon imbricatum)* — Rehpilz
Hainbuchenröhrling *(Leccinum griseum)* — Graukappe, Grauwerdender Geiß- oder Rauhfuß
Körnchenröhrling *(Suillus granulatus)* — Schmerling
Koralle, Goldgelbe *(Clavaria aurea)* — Bärentatze, Ziegenbart
Mairitterling *(Tricholoma georgii)* — Maipilz, Mairasling
Morchel *(Morchella)* — Maurachen, Mairaucher, Mairocherl
Milchbrätling *(Lactarius volemus)* — Brotmilchling, Brätling
Nebelgrauer Trichterling *(Clitocybe nebularis)* — Nebelkappe, Herbstblattl, Graukopf
Nelkenschwindling *(Marasmius oreades)* — Kreisling, Feldschwindling
Pfifferling *(Cantharellus cibarius)* — Eierschwammerl
Reifpilz *(Rozites caperata)* — Zigeuner
Rotkappe *(Leccinum aurantiacum)* — Espenpilz, Orangeroter Geiß- oder Rauhfuß
Samtfußrübling *(Flammulina velutipes)* — Winterpilz
Schopftintling *(Coprinus comatus)* — Spargelpilz
Schwarzfaseriger (Schnee-)Ritterling *(Tricholoma portentosum)* — Rußkopf, Schneeschwammerl
Steinpilz *(Boletus edulis)* — Herrenpilz
Wiesenchampignon *(Agaricus campester)* — Feldegerling

14.3. Auswahl der auf dem österreichischen Markt am häufigsten angebotenen Pilze

Champignon (Zuchtchampignon)
Steinpilz oder Herrenpilz
Eierschwammerl
Morchel (getrocknet)
Shiitakepilz (getrocknet)
Parasol (Riesenschirmpilz)
Austernseitling
Trüffel

Insgesamt sind es 41 Pilzarten, die in Österreich vom Gesetzgeber, laut Speisepilzverordnung vom 14. 5. 1979 (LMG 1975), für den Handel zugelassen sind, jedoch werden außer den oben angeführten Pilzen kaum welche davon zum Kauf angeboten.

Hilfe bei Pilzvergiftung in Österreich

Vergiftungsinformationszentrale für Österreich
a. d. I. Med. Universitätsklinik in Wien
Spitalgasse 23, 1090 Wien
Telefon: 43 43 43 (Vorwahl für Wien 0222)

Pilzauskünfte

erhalten Sie beim Magistrat der
Stadt Wien, MA 59
Marktamtsdirektion
Am Modenapark 1-2, 1030 Wien
sowie an allen Wiener Städt. Marktamtsabteilungen in den Bezirken.

In den österreichischen Bundesländern informiert Sie die jeweils zuständige Bezirkshauptmannschaft, wo Sie Ihren Pilzfund beschauen und sich diesbezüglich beraten lassen können.